群体工程施工网络总计划编制与实例

康光富 著

中国建筑工业出版社

图书在版编目(CIP)数据

群体工程施工网络总计划编制与实例/康光富著．

北京：中国建筑工业出版社，2015.5

ISBN 978-7-112-18089-9

Ⅰ.①群…　Ⅱ.①康…　Ⅲ.①建筑工程-施工计划-

编制　Ⅳ.①TU72

中国版本图书馆 CIP 数据核字（2015）第 084416 号

　　　责任编辑：毕凤鸣

　　　责任校对：李美娜　刘梦然

群体工程施工网络总计划编制与实例

康光富　著

*

中国建筑工业出版社出版、发行(北京西郊百万庄)

各地新华书店、建筑书店经销

北 京 天 成 排 版 公 司 制 版

北京圣夫亚美印刷有限公司印刷

*

开本：787×1092 毫米　1/16　印张：7　字数：147 千字

2015 年 5 月第一版　　2015 年 5 月第一次印刷

定价：**40.00** 元

ISBN 978-7-112-18089-9

（27329）

前　言

　　本书出版有一个目的，就是为了给建筑工程界提供一种方法——群体工程施工网络总计划的编制方法。群体工程施工网络总计划，是工程项目施工网络总计划的一种，简称总计划。

　　编者从事施工进度计划管理工作五十余年（含退休后聘用时间），在边摸索、边工作的过程中总结出一种"总计划的编制方法"。编者曾参加过二十多项国家、省市重点工程项目建设，均采用了《群体工程施工网络总计划编制与实例》书中的编制方法编制总计划，并组织实施，收到了较好的效果，得到了业主的好评。比如，1984 年建成的原电子工业部的 742 厂集成电路工程（现在的无锡华润华晶微电子有限公司的前身），是国家重点工程，是当时国家第一座规模最大、集成度最高的微电子工程项目，是当时国家重点工程项目中第一个按时建成，第一个不超概算的工程项目，荣获国家银奖；如，1994 年建成的汕头松山火力发电厂，是汕头市重点工程，系外资企业，业主委托英国一家专业论证公司对建设工期进行了 24 个月的论证，该工程由我公司代业主组织建设，仅用 18 个月就建成了，还节省了近 2000 万元投资；又如，1990 年建成的德清器材厂（浙江省德清市重点工程）、1991 建成的无锡大众化工厂扩建工程、1995 年建成的西安电子科技大学 8501工程（原电子工业部重点工程）、2000 年建成的南京药械厂工程（农业部重点工程）、2000 年建成的无锡纽迪西亚工程（外资医药工程）、2001 年建成的江阴法尔胜光子工程（江苏无锡、江阴重点工程）、2002 年建成的柯达（上海）电子新相机及小型实验室工程等。

　　本书主要有七个特点：一是本书把概念、原理、方法、案例结合起来阐述，能使读者尽快掌握编制"总计划"的方法，并能编制出具有科学性、先进性、适用性、可操作性的"总计划"。二是能快捷地编制出"总计划"。理顺各单位工程、各系统、各工作之间的关系是一件复杂而麻烦的事，当读者掌握了本书所阐述的方法后，就能化复杂为简单，可以不必编制各单位工程、各系统、各工作之间的关系表，而是直接用手或电脑编制网络计划，这就极大地提高了编制"总计划"的效率。三是本书全面、深入地阐述了"总计划"中的"三种线路"。施工组织者通过对"三种线路"的分析，能全面、准确地掌握工程各部位的施工进度的紧迫程度或宽松程度，从而淡定地组织施工。四是本书对总时差、自由时差作了深入、具体的阐述，有助于施工组织者科学的运用好机动时间，在确保总工期的前提下降低施工成本。五是本书除了列举了一个小区工程、一个大中型工程项目作为案例详细阐述编制"总计划"方法外，还用了很多具体施工案例来阐述编制"总计划"的基本原理，这些具体施工案例对读者组织工程施工都有一定的参考价值。六是本书把工艺工程、动力工程、建筑工程结合起来阐述编制"总计划"的方法，对交钥匙工程有较好的参考价值。七是本书对绘制双代号网络图作了一点简化，使绘图十分便捷。

本书在编写过程中，得到了华东电子工程有限公司韩晓澎董事长、无锡锡山建筑实业有限公司余尚飞副总经理、中国电子系统工程第二建设有限公司杨良生总经理、曹永泉老师、魏明政高级工程师、汪鸿亮高级工程很多帮助，在此，深表谢意！

由于编者水平有限，书中不妥与错误之处，恳请读者指正。

2015 年 4 月

目　　录

第一章 群体工程施工网络总计划编制方法概述

第一节 群体工程

一、群体工程的定义

所谓群体工程，是指含有两个或两个以上具备独立施工条件，并能形成独立使用功能的建筑物、构筑物，以及与之相配套的室外管电安装单位工程，室外建筑环境单位工程所组成的"工程"。比如，一个集成电路工程项目，一个民用机场工程项目，一个体育馆工程项目，一个住宅区工程项目等。

二、群体工程的特点

1. 生产产品

建设一个工程项目，它的最大特点是生产产品，满足市场的需要。这是一个企业不断发展的重要途径，也是富民强国的重要举措。产品通常分两大类别：一是有形产品，其量具有计数的特性，比如，集成电路一块、光缆一公里、汽车一部、发动机机械零件一个等；另一种有形产品，其量既具有计数的特性，又具有连续性的特性，比如，汽油一升、自来水一立方米、电一度、氩气一立方米、蒸汽一立方米或一吨等。二是无形产品，通常是指服务、软件两种，比如，民航机场是向顾客提供出行服务的；科研院/所、设计中心是向顾客提供工艺文件、计算机程序等软件的。也有些工程项目既生产有形产品，也生产无形产品，比如，科研生产联合体工程项目。

2. 单位工程多，整体性强

建设一个工程项目是为了生产产品的，所以，它在生产过程中必须要有建筑环境工程的支持，必须要有动力工程的支持，必须要有城市市政工程的支持等等。因此，就产生了许多单位工程，比如，生产厂房、中心变配电站、供水站、冷冻水站、仓库、办公楼、室外管电安装、室外建筑环境等单位工程，以及高压电缆、燃气管道、给水排水管道等城市市政工程。一个工程项目的单位工程虽多，但它们却不是孤立的，彼此之间都有紧密联系，是一个不可分割的有机整体。在组织施工时，不可顾此失彼，只重视主要的单位工程，轻视配套的单位工程；只重视大的、复杂的单位工程，轻视小的、简单的单位工程。而应视为一个有机整体统筹安排，使各单位工程之间的施工进度十分协调有序、准点衔接，按时实现阶段性工期目标、总工期目标，如期交付业主使用。否则，就会造成生产厂房建成而不能投产，医院大楼建成而不能门诊，机场候机大楼建成而不能提供顾客出行，住宅区建成而不能交付房主居住等情况。致使承包商增加了施工成本，甚至亏损，业主也不能及早地实现投资效益。

3. 施工单位多，施工周期长

随着科技迅速发展，新产品不断涌现，社会财富不断增多，人民生活质量不断提高，对建筑环境工程、动力工程提出了更高的要求，新建材、新工艺、新技术、新机具应运而生，建设市场的社会分工更加细化，专业性更强，因此，建设一个工程项目必然要有很多施工单位参加，他们之间既有明确分工，又相互紧密配合，形成不可或缺的有序交叉施工整体。通常大中型工程项目的建设周期需要 2 年左右，特大型工程项目需要 3～5 年的时间。

第二节　群体工程施工网络总计划

一、总计划的特点

群体工程施工网络总计划，也称工程项目施工网络总计划，简称总计划。它是指运用网络计划技术，把一个工程项目的全部单位工程组成一个有机整体，并用加注了时间参数的网络流程图编制的从开工到竣工的全过程施工进度计划。它主要有如下三个特点：

（1）用网络计划形式表达出一个工程项目是一条更大的系统，它把各单位工程、各系统、各工作组成一个相互制约、相互依存的有机整体。

（2）确定了工程项目的总工期、阶段性工期；确定了各单位工程、各系统、各工作的最早最迟开始时间、最早最迟完成时间，总时差及自由时差；确定了关键路线、关键节点、重要节点。

（3）理顺了一个工程项目与城市环境工程（城市市政工程）之间的关系，明确了之间的衔接节点，城市市政工程何时向该工程项目提供有关条件。比如，何时提供电力、蒸汽、天然气、通信及信息等。

二、总计划的作用

1. 总计划是"轨道"、"核心"和"中心"

总计划是一个工程项目施工全过程的轨道，是指导施工全过程健康运行的核心文件，是施工进度控制的依据，是施工技术、施工管理的中心。在施工全过程中，一切施工技术、施工管理工作都要为实现总计划保驾护航。理由有如下三点：

（1）任何一个承包商，履行所签订的工程施工合同是他的最高使命。他的最终目标是按照合同所规定的工期，向业主交付符合合同所要求的工程，同时取得较好的经济效益。

（2）总计划是施工技术、施工管理的"中心"，同时，施工技术、施工管理又是实现总计划的"支撑"。施工进度涉及施工技术、施工管理方面面的工作，比如，工程质量管理，施工技术及管理，资源管理（人力、物资、资金等），职业健康安全管理，文明施工管理，等等。不论哪一个环节出现了问题，都会影响施工进度顺利进行；只有做好每一个环节的工作，施工进度才能准点到位。总计划与施工技术、施工管理之间的关系是"中心"与"支撑"的关系。详见图 1-1 总计划与施工技术、施工管理之间的关系。

（3）编制总计划有科学的、严谨的程序，详见第二章第四节群体工程施工网络总计划的编制程序。从该程序清晰地看出，总计划是对施工工艺、施工方案、施工措施、质量控制、资源供给、安全文明施工等方面进行全面系统分析、计算、比较而形成的，它是所有施工技术、施工管理工作的共同成果。

总之，编制出科学的、先进的、实用的总计划，并在施工全过程中得以顺利实施，最终在实现合同工期的同时，又获得较好的利润，这是一个优秀的承包商所必须具备的综合素质。

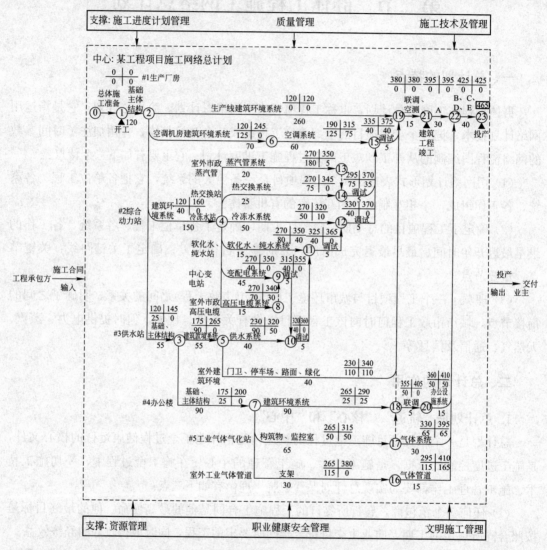

图 1-1 施工进度网络总计划与施工技术、施工管理之间的关系

2. 统一所有参加工程建设各单位的施工进度计划

通常一个工程项目是由很多施工单位参加建设的，施工现场的机构设置有决策层、管理层、执行层等三个层次。由于双代号（含时标）网络总计划直观、一目了然、运用简便，所以容易被参加工程建设的人员所掌握，有利于把各单位的施工进度计划都统一在总计划之中，使各方既有分工，又有密切的配合，统一目标，统一计划，统一管理，统一施工，齐心协力，紧张有序地共同努力，去实现工期总目标。

第三节 群体工程施工网络总计划的编制方法

一、"三种方法"的科学性

1. 基本概念

三种方法是：系统方法、流程方法、组织方法。系统方法，着眼于对工程项目的总体策划，研究分析它的构成情况，把它划分出若干条系统，用客观规律原理，理顺各系统之间客观存在的关系，把它组成一条更大的系统，使之达到连续控制，如期或提前实现工程项目的总工期目标。流程方法，着眼于对每一条系统的策划，研究分析各条系统施工内容，把它划分出若干个工作，理顺各工作之间客观存在的关系，形成施工流程，使之达到各个工作的连续控制，如期或提前实现各条系统的工期目标。组织方法，是在系统方法、流程方法的基础上，着眼于统筹策划，按照安全、有序、经济、高效的原则，通过采取一系列组织措施，在实现工程项目总工期的同时取得理想的利润。联合使用这"三种方法"就能编制出具有科学性、先进性、实用性的群体工程施工网络总计划。

2. 工作划分

理顺工作之间的关系是编制计划的基础。只有划分工作是合理的，之间的关系是正确的，才能编制出具有科学性、先进性、实用性的网络计划。工程项目施工进度网络总计划，通常有若干个单位工程、几十条系统、上百个工作或更多单位工程、系统、工作所组成的；划分系统、工作，理顺各单位工程之间、各系统之间、各工作之间的关系，是一件琐碎而复杂的事情，还会出现不知如何着手的情况。"三种方法"能化复杂为简单，全面、准确、快捷地划分系统、划分工作，全面、准确、快捷地理顺各系统、各工作之间的关系，为编制群体工程施工网络总计划奠定基础。

3. 统筹组织

系统方法、流程方法运用群体工程的客观存在的内在规律，确定每个单位工程，每条系统，每个工作的最迟完成时间。组织方法运用统筹原理，在不改变系统方法、流程方法所确定的各单位工程、各系统、各工作之间的关系，也不改变各个工作的持续时间的情况下，通过采取组织措施，恰到好处的利用总时差（机动时间）来确定各单位工程、各系统、各工作的最早的开工时间；在必要的情况下，组织方法还可以提前个别的单位工程、系统的最迟的完成时间，但不能改变原来它们之间的关系。有关上述情况，在第一章第四节及第三章第五节中有详细阐述。

二、"三种方法"编制总计划的主要程序

首先，运用系统方法，将工程项目按单位工程划分出若干条系统，并理顺它们之间的关系，编制出以系统为基本组成单元的工程项目网络图。然后，运用流程方法，把每条系统划分出若干个工作，并理顺它们之间的关系，形成流程，编制出工程项目以工作为基本组成单元的网络图；在此基础上计算各个工作的持续时间、时间参数，编制出工程项目过渡性施工进度网络总计划。最后，运用组织方法，在系统方法、流程方法的基础上，按照安全、有序、经济、高效的原则，采取组织措施，恰到好处的利用总时差，编制出工程项目网络图；在此基础上计算时间参数，求出关键线路，这样就形成了工程项目施工进度网络总计划草案。

第四节　群体工程施工网络总计划编制案例

"三种方法"也适用于编制小区工程网络计划。由于它的编制比较简单，便于讨论，所以，用小区工程作为案例，来说明"群体工程施工网络总计划编制方法"的概念。

所谓小区工程，是指以四周主干道为界限范围内的全部工程。由三部分组成：一是建筑物、构筑物；二是地上、地下各种管道的干、支管系统及地上地下的强弱电系统；三是室外建筑环境系统。其中第一部分是小区工程的核心工程，其他二、三两部分是核心工程的配套工程。

一、某供水站小区工程案例

图 1-2 是某供水站小区平面布置，该供水站是向某工程项目提供生产、消防、生活用水，是工程项目的一个组成部分。该站占地面积 $6000m^2$，建筑物建筑面积 $500m^2$，现浇框架，设有供水泵房、配电间、加二氧化氯间（以下统称供水泵房）；构筑物半地下 1000t 蓄水池及吸水井（以下统称蓄水池），封闭式刚性防水；室外地下有与之相配套的给水管、排水管、消防监控电缆、低压电缆等各种管电工程；室外道路、照明、绿化等室外建筑环境工程。

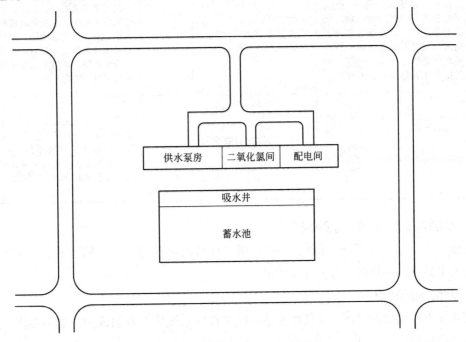

图 1-2　某供水站小区平面布置

二、用系统方法编制以系统为基本组成单元的网络图

1. 划分系统，理顺关系

该供水站是一条大系统，其功能是向某工程项目提供生产、消防、生活用水。它由10条系统所组成，即供水泵房建筑环境系统、供水系统、配电系统、加二氧化氯系统、蓄水池系统、室外低压电缆系统(大区中心变配电站→配电间)、室外消防监控电缆系统(大区消防监控中心→供水泵房)、室外给水管系统(大区给水干管⟷供水泵房)、室外排水管系统("供水站→大区排水干管"的支管)、室外建筑环境系统等。

用客观规律原理，理顺这10条系统之间客观存在的关系，详见表1-1。为了便于讨论，在表1-1中设置了系统代号及衔接节点，后面章节中相关"表"与之相同。

10 条系统之间的关系   表 1-1

序号	紧前系统	本系统	衔接节点	各系统之间客观存在的关系
1	供水泵房建筑环境系统①→⑨	供水系统⑨→③⑦→③⑨、配电系统⑨→②⑨→③⑦、加二氧化氯系统⑨→②⑤→③⑦	⑨	只有供水泵房建筑环境系统完成了，其供水系统、配电系统、加二氧化氯系统才能进行设备及二次管电的安装
2	室外低压电缆系统①→②⑨	配电系统调试供电⑨→③⑦	②⑨	只有室外供电电缆系统向配电系统送电，该系统才能进行调试，并形成配供电功能
3	蓄水池系统①→③②…→③⑦、配电系统⑨→②⑨→③⑦、加二氧化氯系统⑨→②⑤→③⑦、室外消防监控电缆系统①→③⑦、室外给水管系统①→③③…→③⑦、室外排水管系统①→③④…→③⑦	供水系统单机调试、联动调试⑨→③⑦→③⑨	③⑦	只有蓄水池系统、配电系统、加二氧化氯系统、室外消防监控电缆系统、室外给水管系统、室外排水管系统等全部完成并与供水系统二次管电并网，其供水系统才能进行单机调试、联动调试
4	供水系统联动调试⑨→③⑦→③⑨(生产、消防、生活用水)；室外建筑环境系统①→③⑨	供水站提交验收交付使用	③⑨	供水系统完成联动调试，并形成了提供生产、消防、生活用水的功能；室外建筑环境系统亦全部完成，这标志着供水站全面建成，这时方可提交验收，交付使用

2. 编制各系统之间关系的网络图

根据"表1-1 10条系统之间的关系"，用双代号网络计划技术，编制某供水站小区以系统为基本单元的网络图，如图1-3所示。

3. 网络图的特点

用系统方法编制的"图1-3 某供水站小区工程以系统为基本组成单元的网络图"主要有如下3个特点：

(1) 一条系统是包括从开工到完成的全部内容，它是图1-3的基本组成单元。

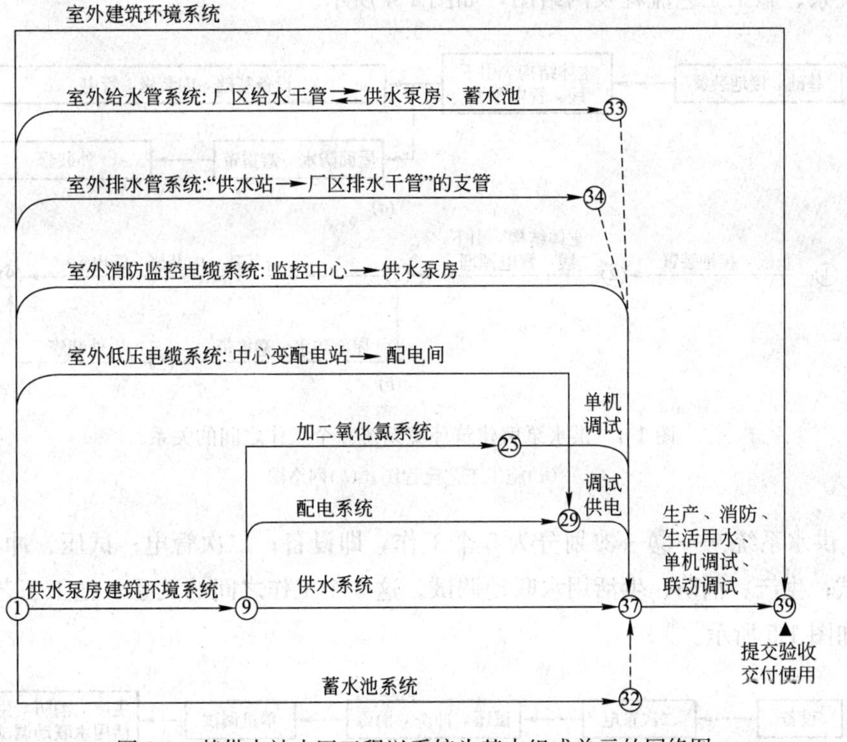

图 1-3　某供水站小区工程以系统为基本组成单元的网络图

(2) 用"一段式"、"多段式"这两种方式来表示一条完整的系统。比如，供水泵房建筑环境系统①→⑨是用一段式来表示的；比如，供水系统⑨→㊲→㊴、配电系统⑨→㊲→㊴等都是用多段式来表示的。分段的多少，要根据准确地表述系统与系统之间的关系而确定。

(3) 紧前系统与本系统之间的关系有两种表示方式：一是紧前系统完成之时就是本系统开始之时，比如，紧前供水泵房建筑环境系统①→⑨完成之时，是本供水系统⑨→㊲→㊴开始之时；二是紧前系统完成之时是本系统中的某个工作开始之时，比如，配电⑨→㉙→㊲、加二氧化氯⑨→㉕→㊲、蓄水池①→㉜…→㊲、室外消防监控电缆①→㊲、室外排水管①→㉞…→㊲、室外给水管①→㉝…→㊲等 6 条紧前系统完成之时是本供水系统⑨→㊲→㊴的单机调试、联动调试开始之时。关于系统方法的特点、作用在第二章第一节及第三章第二节、第五节中将详细阐述。

三、用流程方法编制以工作为基本组成单元的网络图和过渡性施工网络计划

1. 编制施工工艺流程图和网络图

工作是网络计划基本组成单位。工作内容的多少，划分的粗细程度，应根据计划的需要来决定，具体划分的原则详见第二章第二节内容。本案例的 10 条系统划分工作如下：

(1) 供水泵房建筑环境系统①→⑨划分为 5 个工作，即基础、接地装置；主体结构、引下线、管电预埋；设备基础、内装修、管电；屋面防水、避雷带；外装修。这 5 个工作

之间的关系、施工工艺流程及网络图，如图1-4所示。

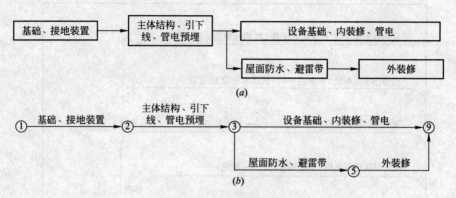

图1-4　供水泵房建筑环境系统5个工作之间的关系

(a)施工工艺流程图；(b)网络图

（2）供水系统⑨→㊲→㊴划分为5个工作，即设备；二次管电；试压、冲洗、消毒；单机调试；生产、消防、生活用水联动调试。这5个工作之间的关系、施工工艺流程及网络图，如图1-5所示。

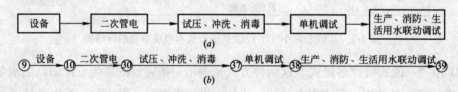

图1-5　供水系统5个工作之间的关系

(a)施工工艺流程图；(b)网络图

（3）配电系统⑨→㉙→㊲划分为3个工作，即设备、二次电、调试供电。这3个工作之间的关系、施工工艺流程及网络图如图1-6所示。

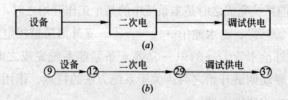

图1-6　配电系统3个工作之间的关系

(a)施工工艺流程图；(b)网络图

（4）加二氧化氯系统⑨→㉕→㊲划分为3个工作，即设备、二次管电、单机调试。这3个工作之间的关系、施工工艺流程及网络图如图1-7所示。

（5）蓄水池系统①→㉜…→㊲划分为5个工作，即基坑、垫层；水池底板、预埋件；水池壁板、顶板、预埋件；防水砂浆；渗漏检验、二次管电、回填土、清洗、消毒。这5个工作之间的关系、施工工艺流程及网络图如图1-8所示。

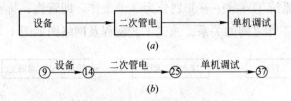

图 1-7 加二氧化氯系统 3 个工作之间的关系

(a)施工工艺流程图；(b)网络图

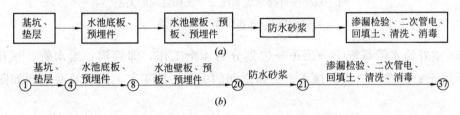

图 1-8 蓄水池系统 5 个工作之间的关系

(a)施工工艺流程图；(b)网络图

（6）室外低压电缆系统①→㉙划分为 4 个工作，即电缆沟；敷设电缆；铺砂、盖砖、回填土、标桩；与两端设备连接。这 4 个工作之间的关系、施工工艺流程及网络图如图 1-9所示。

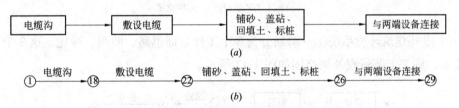

图 1-9 室外低压电缆系统 4 个工作之间的关系

(a)施工工艺流程图；(b)网络图

（7）室外消防监控电缆系统①→㊲划分为 4 个工作，即电缆沟；套管、电缆；铺砂、盖砖、回填土、标桩；与两端设备连接。这 4 个工作之间的关系、施工工艺流程及网络图如图 1-10 所示。

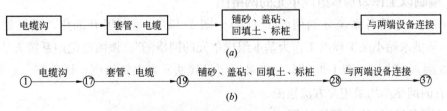

图 1-10 室外消防监控电缆 4 个工作之间的关系

(a)施工工艺流程图；(b)网络图

13

（8）室外排水管系统①→㉞…→㊲划分为 3 个工作，即管沟；排水管、砌井；闭水试验、回填土。这 3 个工作之间的关系、施工工艺流程及网络图如图 1-11 所示。

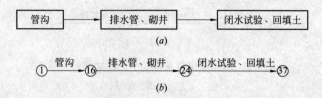

图 1-11　室外排水管系统 3 个工作之间的关系
（a）施工工艺流程图；（b）网络图

（9）室外给水管系统①→㉝…→㊲划分为 4 个工作，即管沟；给水管、试压；砌井、回填土；冲洗、消毒。这 4 个工作之间的关系、施工工艺流程及网络图如图 1-12 所示。

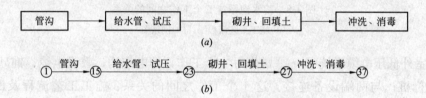

图 1-12　室外给水管系统 4 个工作之间的关系
（a）施工工艺流程图；（b）网络图

（10）室外建筑环境系统①→㊴划分为 3 个工作，即道路、照明、绿化。这 3 个工作之间的关系、施工工艺流程及网络图如图 1-13 所示。

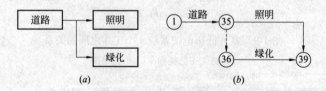

图 1-13　室外建筑环境系统 3 个工作之间的关系
（a）施工工艺流程图；（b）网络图

2. 编制以工作为基本组成单元的网络图

将图 1-3 中的各系统分别用图 1-4（b）～图 1-13（b）进行展开细化，于是就形成了"图 1-14 某供水站小区工程以工作为基本组成单元的网络图"。该图已把用系统方法所编制的图 1-3 融入其中了。图 1-3、图 1-14 采用了母线法、导向法绘图，详见第一章第四节。本书所有的网络图均采用此方法绘图。

3. 编制过渡性施工网络计划

计算图 1-14 中各个工作的持续时间，在此基础上计算时间参数，并求出关键路线，这样就形成了"图 1-15 某供水站小区工程过渡性施工网络计划"。网络计划的时间参数一般包括工作的最早最迟开始时间、最早最迟完成时间，总工期，总时差、自由时差等，用粗箭线标明关键线路。图 1-15 没有标明工作的最早最迟完成时间，原因：一是为了节省网络图上面的空间；二是有了工作的最早最迟开始时间，计算最早最迟完成时间已十分简便。

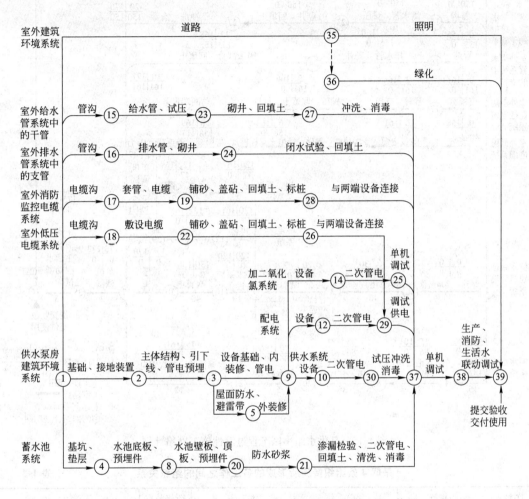

图 1-14　某供水站小区工程以工作为基本组成单元的网络图

四、用组织方法编制施工网络计划草案

1. 理顺各工作组织关系，编制网络图

根据图 1-15，结合供水站的具体情况，按照安全、有序、经济、高效的原则，制定 4 条组织措施，恰到好处的利用总时差（机动时间），统筹策划各工作之间的关系，详见表 1-2 采取 4 条组织措施所形成的各工作之间的组织关系。在图 1-15 的基础上，结合表 1-2 编制网络图，如"图 1-16 某供水站小区工程网络图"所示。

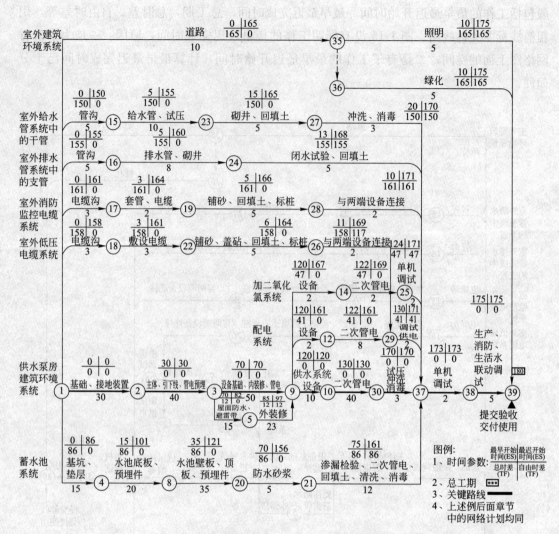

图 1-15　某供水站小区工程过渡性施工网络计划

采取 4 条组织措施所形成的各工作之间的组织关系　　　　　　　表 1-2

序号	组织措施	紧前工作	本工作	衔接节点	理由
1	供水、配电、加二氧化氯等 3 条系统的设备就位安装采用依次施工	供水系统设备就位安装 ⑨→⑩	配电系统设备就位安装 ⑩→⑫	⑩	1. 有足够总时差可以利用，不影响供水站总工期，详见图 1-15 某供水站小区工程过渡性施工网络计划 2. 供水系统设备安装在关键线路上，且工程量最大，所以，它必须先施工 3. 有利于安全、有序、经济、高效施工
		配电系统设备就位安装 ⑩→⑫	加二氧化氯系统设备就位安装 ⑫→⑭	⑫	

16

序号	组织措施	紧前工作	本工作	衔接节点	理由
2	3 条系统的设备就位安装后，室外地下各种管电系统全面展开施工，其中各种管沟、电缆沟采取流水施工	给水管沟⑭→⑮	排水管沟⑮→⑯	⑮	1、有足够总时差可以利用，不影响供水站总工期，详见图 1-15 某供水站小区工程过程性施工网络计划 2、此时，供水泵房建筑环境已基本完成，室内设备已全部就位，室外仅有少量人流、物流，也没有障碍物，所以，室外地下各种管电系统可以全面施工 3、室外地下各种管电系统是指在供水站小区内的，工程量不大
		排水管沟⑮→⑯	消防监控电缆沟⑯→⑰	⑯	
		消防监控电缆沟⑯→⑰	低压电缆沟⑰→⑱	⑰	
3	室外地下给水系统、室外地下排水系统完成后进行室外建筑环境系统施工	给水管冲洗、消毒㉗→㉛，排水管闭水试验、回填土㉔→㉛	道路㉛→㉟	㉛	1、有足够总时差可以利用，不影响供水站总工期，详见图 1-15 某供水站小区工程过渡性施工网络计划 2、有利于成品保护
		道路㉛→㉟	照明㉟→㊴绿化㉟…㊱→㊴	㉟	
4	供水泵房主体结构完成后开始施工蓄水池系统	供水泵房主体结构②→③	蓄水池基坑、垫层③→④	③	1、因为蓄水池是半地下的，与供水泵房有 3m 间距，符合安全施工规定 2、有足够总时差可以利用，不影响供水站总工期，详见图 1-15 某供水站小区工程过渡性施工网络计划

2. 编制施工网络计划草案

因为，组织方法没有改变，也不能改变图 1-15 中各个工作的持续时间，所以，通过计算时间参数，求出关键路线，于是就形成了图 1-17 某供水站小区工程施工网络计划草案。

3. 组织会审，编制正式施工网络计划

对"图 1-17 某供水站小区工程施工网络计划草案"组织会审，根据审定意见进行修改，编制某供水站小区正式施工网络计划。关于组织会审的情况可参照"第二章第四节群体工程施工网络总计划的编制程序"进行。

五、"三种方法"之间的关系与特点

只要对照一下图 1-3～图 1-17 等 5 张网络图、网络计划，这三种方法之间的关系、特点就一目了然了。其关系、特点主要表现在如下三方面：

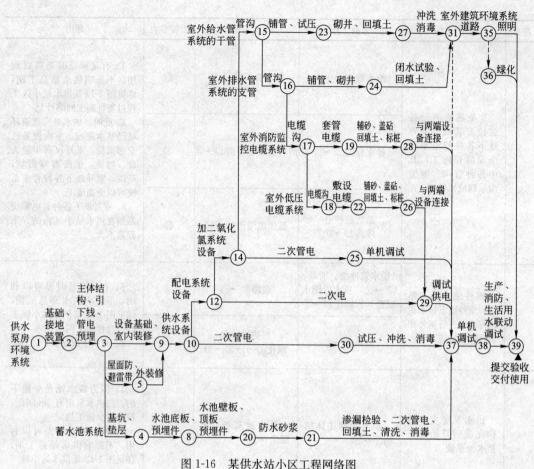

图 1-16 某供水站小区工程网络图

1."三种方法"之间的关系

（1）系统方法是其他两种方法的基础。因运用系统方法编制的"图 1-3 某供水站小区工程以系统为基本组成单元的网络图"所确定的 10 条系统及之间关系的 4 个节点，即节点⑨、㉙、㉝、㊴，在图 1-14～图 1-17 中都未改变，也不能改变，因为这都是客观存在的关系，为运用流程方法、组织方法奠定了基础。

（2）流程方法是对系统方法的展开。流程方法是在不改变系统方法所确定的各系统之间关系的基础上，把图 1-3 中的 10 条系统展开为 41 个工作，同时，它所划分的工作还要为运用组织方法编制网络计划创造条件。它所编制的网络计划是过渡性的，如图 1-15 所示。

（3）组织方法是一种统筹方法。组织方法是在不改变上述两种方法所划分的系统、工作及它们之间的关系，也不改变各工作持续时间的基础上，按照安全、有序、经济、高效的原则，采取了 4 条组织措施，恰到好处的利用总时差来安排各系统、各工作之间的组织关系。系统方法、流程方法是按照客观规律来安排各系统、各工作之间的关系，是不能随意改变的。组织方法所安排的各系统、各工作之间的关系都是人为的，不是非要这样安排

18

不可的，在总时差范围内可以按另外的顺序来安排。比如，图1-16、图1-17中的供水、配电、加二氧化氯等3条系统的设备就位安装⑨→⑩、⑩→⑫、⑫→⑭是按照依次方法组织施工的，也可以采用平行方法组织施工，即在供水设备就位安装⑨→⑩的同时进行配电设备就位安装⑩→⑫、加二氧化氯设备就位安装⑫→⑭；比如，在图1-16、图1-17中的蓄水池系统的基坑、垫层③→④是供水泵房建筑环境系统主体结构②→③的紧后工作，在节点③开始施工，也可以把它安排在供水泵房建筑环境系统的基础①→②的紧后工作，在节点②开始施工；等等。用组织方法编制的网络计划是实施性的，如图1-17所示。

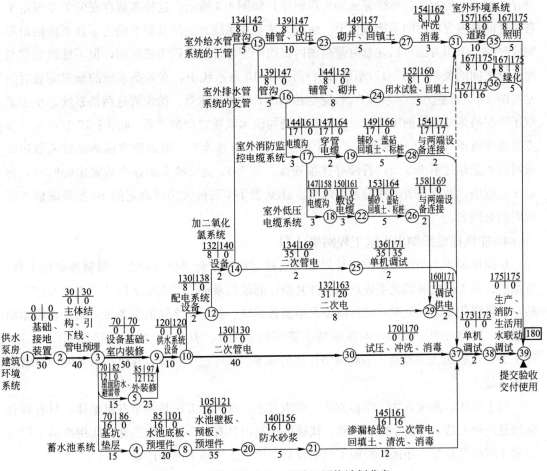

图1-17 某供水站小区工程施工网络计划草案

从运用组织方法所编制的"图1-17 某供水站小区工程施工网络计划草案"中清楚地看出，该网络计划草案是集"三种方法"于一体的，单一的使用组织方法是无法编制的。

2. 各系统的最早开始时间是由组织方法确定的

组织方法采用了4条组织措施，恰到好处的利用总时差，确定了10条系统最早开始时间：其中供水泵房建筑环境系统、供水系统都是在关键线路上，无机动时间可以利用，所以，图1-15中的这两条系统最早开始时间，与图1-17中的这两条系统最早开始时间是

19

相同的；其他 8 条系统都是在非关键线路上，通过采取组织措施，利用机动时间分别确定了它们的最早开始时间，比如，在图 1-15 中，蓄水池系统总时差为 86 天，最早开始时间为零天，通过采取组织措施，在图 1-17 中，蓄水池系统总时差为 16 天，利用了机动时间70 天，其最早开始时间为第 70 天。详见"表 1-3 三种方法所确定 10 条系统最早开始时间的对照表"。

3. 各系统的最迟完成时间是由系统方法、流程方法所确定的

运用系统方法所理顺的各系统之间的关系是客观存在的，是绝对不能改变的，这种客观存在的关系确定了各系统完成的先后顺序，如图 1-3 所示；这种客观存在的关系限定了各系统的最迟完成时间不能被超出。流程方法是在系统方法的基础上确定了各系统的最迟完成时间。组织方法可以在总时差范围内提前个别系统的最迟完成时间，但不能改变它与原系统之间的关系。图 1-17（组织方法）所示的 10 条系统中，有 8 条系统的最迟完成时间是与图 1-15（流程方法、系统方法）完全相同的；室外排水管、给水管这两条系统，由于采取了组织措施分别提前了 8 天，但没有改变与供水系统之间的关系（如图 1-17 节点㉛与节点㊲连线所示）。这条连线提供了一个信息，即室外排水管、给水管这两条系统的最迟完成时间不能超过第 173 天；若没有这条连线，图 1-17 就反映不出这个被限定的时间，在施工过程中，就存在着潜在的系统风险。详见表 1-4 三种方法所确定的 10 条系统最迟完成时间对照表。

4. 能快捷地编制出小区工程网络计划

快捷地编制出小区工程网络计划是"三种方法"十分突出的特点。编制各单位工程、各系统、各工作之间的关系表，是一件复杂而麻烦的事情。当完全掌握了"三种方法"之后，就可以化复杂为简单，就可以不在编制各系统、各工作之间的关系表，而是直接编制网络图、网络计划。比如，不在编制本案例的表 1-1、表 1-2，而是直接编制图 1-3～图 1-17，这就极大地提高了编制网络计划的效率。关于这个特点，在第三章案例中将看得更加清楚。

综上所述，系统方法、流程方法、组织方法，这三种方法是一个有机整体，只有联合运用这三种方法，才能全面、准确、快捷的编制出具有科学性、先进性、实用性的工程项目施工网络总计划、小区工程施工网络计划、单位工程施工网络计划。

三种方法所确定的 10 条系统最早开始时间的对照表 表 1-3

序号	系统名称	图 1-15（流程方法、系统方法）		图 1-17（组织方法）	
		最早开始 时间 ES（天）	总时差 TF（天）	最早开始 时间 ES（天）	第一次利用 总时差（天） ③-①=②≤②
		1	2	3	4
1	供水泵房建筑环境系统	0	0	0	0－0＝0
2	供水系统	120	0	120	120－120＝0
3	配电系统	120	41	130	130－120＝10＜41

20

序号	系统名称	图 1-15（流程方法、系统方法）		图 1-17（组织方法）	
		最早开始时间 ES（天）	总时差 TF（天）	最早开始时间 ES（天）	第一次利用总时差（天）3-1=2≤2
		1	2	3	4
4	加二氧化氯系统	120	47	132	132-120=12<47
5	蓄水池系统	0	86	70	70-0=70<86
6	室外低压电缆系统	0	158	147	147-0=147<158
7	室外消防监控电缆系统	0	161	144	144-0=144<161
8	室外排水管系统的支管	0	155	139	139-0=139<155
9	室外给水系统的干管	0	150	134	134-0=134<150
10	室外建筑环境系统	0	165	157	157-0=157<165

三种方法所确定的 10 条系统最迟完成时间的对照表　　　　表 1-4

序号	系统名称	图 1-15（流程方法、系统方法）各系统的最后一个工作			图 1-17（组织方法）各系统的最后一个工作				图 1-15 与图 1-17 LF 对照情况
		最迟开始时间 LS 天	持续时间 D 天	最迟完成时间 LF 天	最迟开始时间 LS 天	持续时间 D 天	最迟完成时间 LF 天	利用总时差天	
1	供水泵房建筑环境系统	70	50	70+50=120	70	50	70+50=120		相同
2	供水系统	175	5	175+5=180	175	5	175+5=180		相同
3	配电系统	171	2	171+2=173	171	2	171+2=173		相同
4	加二氧化氯系统	171	2	171+2=173	171	2	171+2=173		相同
5	蓄水池系统	161	12	161+12=173	161	12	161+12=173		相同
6	室外低压电缆系统	169	2	169+2=171	169	2	169+2=171		相同
7	室外消防监控电缆系统	171	2	171+2=173	171	2	171+2=173		相同
8	室外排水管系统的支管	168	5	168+5=173	160	5	160+5=165	8	提前 8 天
9	室外给水系统的干管	170	3	170+3=173	162	3	162+3=165	8	提前 8 天
10	室外建筑环境系统	175	5	175+5=180	175	5	175+5=180		相同

六、施工网络计划的科学性、先进性、实用性

主要表现在如下三方面：

（1）全面准确地反映出各系统、各工作之间的相互制约、相互依赖的关系。

图 1-15、图 1-17 把 10 条系统、41 个工作组成了一个有机整体、一条大系统，全面准确地反映出它们之间的相互制约、相互依赖的关系，为组织有序、高效施工奠定了基础。在执行计划过程中，当预见到某一条系统，某一个工作因故有可能会拖后时，能从该计划中事先看出它对其他系统、工作及总工期的影响程度，便于及早采取应对措施，确保施工正常进行。比如，在施工过程中，当预见到室外低压电缆系统⑰→⑱→㉒→㉖→㉙的最迟

完成时间有可能会超出 171 天时，通过分析图 1-17，立马就会发现它将会影响配电系统 ⑩→⑫→㉙→㊲调试供电，进而还会影响到供水系统 ⑨→⑩→㉚→㊲→㊳→㊴的单机调试，甚至会影响按时向某工程项目提供生产、消防、生活用水。得出这样的结论后，组织施工者，就会立即采取有效措施，将室外低压电缆系统⑰→⑱→㉒→㉖→㉙的施工进度控制在 171 天之内，确保配电系统调试供电㉙→㊲的施工进度。

（2）清晰地反映出各系统、各工作施工进度的紧迫程度或宽松程度。

图 1-17 是由 9 条线路所组成的：

第 1 条关键线路：①→②→③→⑨→⑩→㉚→㊲→㊳→㊴，由 8 个工作所组成，总时差零；

第 2 条总时差线路：⑩→⑫→⑭→⑮→㉓→㉗→㉛→㉟→㊴，由 8 个工作组成，总时差 8 天；

第 3 条总时差线路：⑩→⑫→⑭→⑮→⑯→㉔→㉛→㉟→…→㊱→㊴，由 8 个工作组成，总时差 8 天；

第 4 条总时差线路：⑰→⑱→㉒→㉖→㉙→㊲，由 5 个工作所组成，总时差 11 天；

第 5 条总时差线路：③→⑤→⑨，由 2 个工作所组成，总时差 12 天；

第 6 条总时差线路：③→④→⑧→⑳→㉑→㊲，由 5 个工作所组成，总时差 16 天；

第 7 条总时差线路：⑯→⑰→⑲→㉘→㊲，由 4 个工作所组成，总时差 17 天；

第 8 条总时差线路：⑭→㉕→㊲，由 2 个工作所组成，总时差 35 天；

第 9 条自由时差线路：⑫→㉙，这是 1 个工作的线路，总时差 31 天，自由时差 20 天，本工作机动时间 20 天。

从上述情况可以看出：

第 1 条关键线路①→②→③→⑨→⑩→㉚→㊲→㊳→㊴上是没有机动时间的，其施工进度是最紧迫的，是关键线路；第 2 条总时差线路⑩→⑫→⑭→⑮→㉓→㉗→㉛→㉟→㊴、第 3 条总时差线路⑩→⑫→⑭→⑮→⑯→㉔→㉛→㉟→…→㊱→㊴上的机动时间均是 8 天，其施工进度是比较正常的；第 4 条总时差线路⑰→⑱→㉒→㉖→㉙→㊲、第 5 条总时差线路③→⑤→⑨、第 6 条总时差线路③→④→⑧→⑳→㉑→㊲、第 7 条总时差线路⑯→⑰→⑲→㉘→㊲等，这四条线路上的机动时间分别是 11 天、12 天、16 天、17 天，其施工进度是比较宽松的；第 8 条总时差线路⑭→㉕→㊲的机动时间 35 天、第 9 条自由时差线路⑫→㉙的自由时差（机动时间）20 天，其施工进度是十分宽松的。掌握了上述情况，组织施工者胸有全局，分清重点与一般，也可预见到情况变化将要造成的影响，以便提前预备一些应对措施，从容地组织施工。但是，需要特别注意本路线机动时间是受紧前线路的机动时间影响的。比如，第 7 条线路⑯→⑰→⑲→㉘→㊲（紧前线路）与第 4 条线路⑰→⑱→㉒→㉖→㉙→㊲（本线路）是相关联的两条线路，节点⑰是它们之间的衔接节点，如果第 7 条线路上的工作⑯→⑰利用 2 天机动时间，则第 4 条线路上总时差就减少 2 天，所以，在利用机动时间时，一定要把相关联线路上的机动时间统一考虑，否则就会顾此失彼。

关于关键线路、总时差线路、自由时差线路的基本定义及之间的关系，在第三章第六节中有详细阐述。

（3）为第二次利用好总时差、自由时差提供了依据。

所谓第一次利用总时差是指在图1-15的基础上，用组织方法采取组织措施，恰到好处的利用总时差，于是形成了图1-17；图1-15与图1-17之间的总时差之差就是第一次利用总时差的天数，即第一次利用总时差(详见表1-3中的第4栏)。比如，蓄水池系统基坑、垫层①→④的总时差，在图1-15中为86天，在图1-17中为16天，两者之差为70天，这就是第一次利用总时差。所谓第二次利用总时差、自由时差，是指在计划执行过程中对图1-17中的总时差、自由时差的利用。图1-17全面准确地反映出9条线路之间的关系，为第二次利用好总时差、自由时差提供了依据；为在确保施工进度的前提下降低施工成本提供了依据。

七、"导向法"在绘制双代号网络图上的应用

1. 导向法定义

所谓导向法，是指箭线按导向弧线来改变方向，若无导向弧线，则表示箭线方向不变。

2. 用导向法绘图

用导向法绘制双代号网络图，可以收到准确、简便、快捷、一目了然的效果，如图1-18所示。

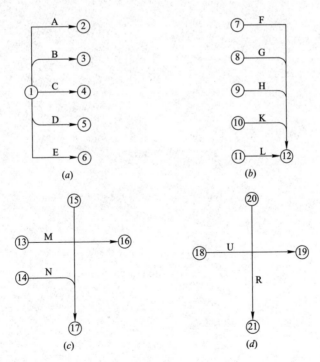

图1-18　母线法、导向法绘图

（a）母线法、导向法；（b）母线法、导向法；（c）导向法；（d）导向法

第二章　群体工程施工网络总计划的编制方法

第一节 系 统 方 法

所谓系统方法，是指通过系统分析工程项目的设计图纸、施工方案及相关文件，着眼于对工程项目的总体策划，研究分析它的构成情况，按单位工程划分每一条系统，运用客观规律原理，找出各系统之间客观存在的关系，从而把这项工程项目组成一条更大的系统，通过对相关联各系统的连续控制，达到按时或提前实现工程项目的总工期目标。

一、群体工程的"系统"分类

1. 系统的概念

所谓系统，是指若干个有着客观存在关系的工作结合成一条有一定使用功能的有机整体，而且这条"系统"本身又是它所属的更大系统的组成部分。下面，用上述所列举的某供水站案例加以说明：该供水站有 10 条系统，每条系统都是由若干个有着客观存在关系的工作所组成的，并且形成了各自的使用功能；这 10 条系统又组成了供水站这条大系统，向某工程项目提供生产、消防、生活用水；所以，它又是该工程项目这条更大系统的组成部分。

2. 工业工程项目的"三种工程系统"

一项工程项目有几十条、上百条系统，甚至更多，归纳起来是"三种工程系统"，即工艺工程系统、动力工程系统、建筑工程系统。

(1) 工艺工程系统，是指产品生产线、辅助生产线的设备安装、二次管电安装、调试、试生产直至形成生产能力的全部工程内容。比如，某纺织印染工程项目的纺织生产线系统、印染整形生产线系统；比如，某光子工程项目的预制棒生产线系统，光纤生产线系统；比如，某微电子工程项目的芯片生产线系统、封装生产线系统，若社会上没有相关配套能力，那还需要设置模具制造、零件加工、电镀等辅助生产线系统。

(2) 动力工程系统，是指为工艺工程系统，建筑工程系统提供动力的各动力站的设备安装、二次管电安装、单机调试、系统(联动)调试直至形成动力功能的全部工程内容。比如，变配电站的变配电系统、供水站的供水系统、冷冻水站的冷冻水系统、空调机房的循环净化空调系统、纯水站的纯水系统、废水处理站的废水处理系统、废气洗涤站的废气处理系统、智能监控站的智能监控系统等。

(3) 建筑工程系统，是指为工艺工程系统、动力工程系统的设备安装、生产，为物资存放，以及为人员工作、生活所提供建筑环境的全部工程内容。比如，生产厂房、动力站、办公楼、仓库、车库、构筑物等建筑环境系统；室外地上地下各种管电系统；道路、围墙、门卫、大门、绿化等室外建筑环境系统。

上述"三种工程系统"分别组成了单位工程、小区工程、工程项目工程，在第三章有详细阐述。

3. 单位工程、小区工程是一条大系统

(1) 单位工程，是指把若干条有着客观存在关系的系统结合成一个有机整体，即组成一条大系统，并具备独立的施工条件，形成独立的使用功能的建筑物及构建物。比如，"图1-2 某供水站小区平面布置"中的供水泵房、蓄水池构成一个单位工程，如"图1-3 某供水站小区工程以系统为基本组成单元的网络图"所示，它由5条系统所组成，即供水泵房建筑环境系统①→⑨，供水系统⑨→③⑦→③⑨，配电系统⑨→②⑨→③⑦，加二氧化氯系统⑨→②⑤→③⑦，蓄水池系统①→③②…→③⑦。

(2) 小区工程，是指工程项目中以主干道为界限而形成的一个小区域工程的简称，它由三种单位工程所组成：一是具备独立施工条件并能形成独立使用功能的单位工程，它是小区工程的核心；二是室外管电安装单位工程；三是室外建筑环境单位工程。比如，"图1-2某供水站小区平面布置图"所示，它由三个单位工程组成：一是供水泵房单位工程（含蓄水池），它是小区工程的核心，详见上述(1)；二是室外管电安装位工程，由4条系统组成，即室外低压电缆系统①→②⑨、室外消防监控电缆系统①→③⑦、室外排水管系统①→③④…→③⑦、室外给水管系统①→③③…→③⑦；三是室外建筑环境单位工程（本身是1条系统）①→③⑨。由此可见，该小区工程是由3个单位工程10条系统而组成的1条大系统，如图1-3所示。

4. 工程项目是一条更大系统

工程项目，也称群体工程。是由若干个有着客观存在关系的单位工程所组成的一个有机整体，即一条更大系统。比如，"图1-1 施工进度网络总计划与施工技术、施工管理之间的关系"中的"某工程项目施工进度网络总计划"所示。该工程项目是由七个有关客观存在关系的单位工程所组成：♯1生产厂房、♯2综合动力站、♯3供水站、♯4办公楼、♯5工业气体气化站、室外管电单位工程、室外建筑环境单位工程等，其中♯1生产厂房是核心单位工程（它是生产产品的）。从该图中可清晰地看出该工程项目是一条更大的系统。

二、划分系统

1. 分析设计图及相关资料

一项工程项目有多少系统，它们之间的关系是怎样的，在设计文件（设计图及相关资料）中反映得十分清楚。另外，即使是相同的工程，不同的设计，其系统的构成及之间的关系也是不完全相同的。比如，供水站工程就有多种设计方案：一是全部地下，供水泵房设在蓄水池上面；二是供水泵房设在地上，蓄水池设在供水泵房下面（地下）；三是供水泵房设在生产厂房内部，蓄水池设在生产厂房室外地下；四是供水泵房设在地上，蓄水池系半地下，两者之间有一定距离；等等。由此可见，上述四种供水站工程，它们的系统构成及之间的关系是不完全相同的。

2. 按单位工程划分系统

首先找出单位工程的核心系统。通常，一个单位工程的独立使用功能就是它的核心系统。比如，供水站的核心系统是供水系统，工业气体气化站的核心系统是工业气体气化系统，生产厂房的核心系统是生产线系统，办公楼的核心系统是办公设施系统，仓库的核心系统是仓储系统，等等。根据设计文件，紧紧围绕核心系统就可以一一划分出与之相互关联的所有系统。

三、理顺各系统之间的关系

1. "三种工程系统"之间关系的概念

工业工程系统是生产有形产品的。由于产品的质量、性能的需要，以及生产设备、生产工艺的需要，对动力工程系统、建筑工程系统提出了相应要求：比如，微电子芯片工艺工程系统，它要求动力工程系统提供高纯水、高纯气体等各种动力；它要求建筑工程系统提供恒温、恒湿、洁净、防静电等建筑环境，即生产环境。所以，工艺工程系统是动力工程系统、建筑工程系统的核心系统，它所在的单位工程就是该工程项目的核心单位工程。动力工程系统是向工艺工程系统、建筑环境系统提供动力的，离开了它，工艺工程系统将无法生产，建筑工程系统将无法形成生产、工作、生活环境。建筑工程系统是向工艺工程系统、动力工程系统提供生产环境、动力运行环境的，所以，它是工艺工程系统、动力工程系统的载体。由此可见，这三种工程系统是不可分割的有机整体，是一条更大的系统。

2. "三种工程系统"之间的六个关系

一项工程项目有很多系统，之间的关系十分繁多，归纳起来是六个关系：一是工艺工程系统之间的关系，二是工艺工程系统与动力工程系统之间的关系，三是工艺工程系统与建筑工程系统之间的关系，四是动力工程系统之间的关系，五是动力工程系统与建筑工程系统之间的关系，六是建筑工程系统之间的关系。

下面用图 2-1～图 2-6 为案例，分别将"六个关系"说明如下：

（1）工艺工程系统之间的关系，是指两种或两种以上的工艺工程系统之间的关系。比如，图 2-1 所示某光子工程项目的两种工艺工程系统之间的客观存在的关系，即预制棒工艺工程系统(预制棒生产线)与光纤工艺工程系统(光纤生产线)之间的客观存在的关系，节点④是它们之间的衔接节点。这就是说，在光纤生产线开始进行 C 工作之时，预制棒生产线必须向它提供预制棒；否则，它将无法进行拉丝、涂覆工艺及各项考核，即无法生产光纤。

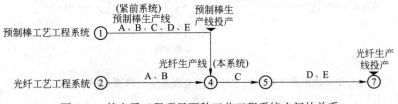

图 2-1　某光子工程项目两种工艺工程系统之间的关系

图中的 A 、B、C、D、E 是工艺工程系统的 5 个工作，其具体内容如下：

A——设备就位、调整，二次管电安装；

B——设备静态检验，用于工艺系统的动力工程系统检验，设备动态检验；

C——单项工艺考核，按照工艺文件在每台设备上进行动态工艺考核；

D——在生产状态下进行小批量流通，对工序成品率进行考核；

E——进行批量生产，对产品性能、质量、成品率、生产能力等进行考核。

（2）工艺工程系统与动力工程系统之间的关系，是指工艺工程系统开始进行 B 工作时，为生产线提供的动力工程系统必须全面完成。比如，图 2-2 所示某制药工程项目的工艺工程系统与动力工程系统之间的客观存在的关系，节点⑥是它们之间的衔接节点。这就是说，在工艺工程系统(制药生产线)B 工作开始之时，纯水系统、氮气系统、低温盐水系统、生产冷却水系统等必须全部完成；否则，制药生产线 B 工作将无法进行。

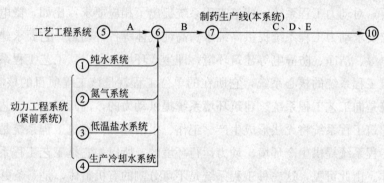

图 2-2　某制药工程项目的工艺工程系统与动力工程系统之间的关系

（3）工艺工程系统与建筑工程系统之间的关系，是指工艺工程系统的生产设备开始安装之时，建筑工程系统必须具备设备安装环境；开始投产时，建筑工程系统必须具备生产环境。比如，图 2-3 所示某集成电路工程项目的芯片工艺工程系统(芯片生产线)与建筑工程系统(建筑环境系统又称生产环境系统)之间的客观存在的关系，节点②、④、⑤是它们之间的衔接节点。这就是说，芯片生产线开始安装生产设备时，建筑环境系统必须具备恒温、恒湿、空气洁净度、防微振、防静电等建筑环境，否则，进入芯片生产线的有些生产

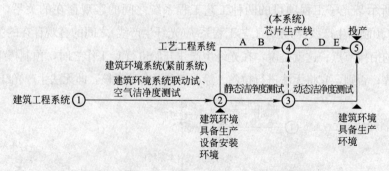

图 2-3　某集成电路工程项目芯片工艺工程系统与建筑工程系统之间的关系

设备的精密度将会受到影响；芯片生产线生产设备、二次管电安装完成时，其建筑环境的空气洁净度必须达到"静态标准"，才能进行 C、D、E 工作，否则将会影响工艺文件、产品性能等考核；芯片生产线开始生产时，其建筑环境的空气洁净度必须达到"动态标准"，否则将会影响产品的成品率。

（4）动力工程系统之间的关系，是指两个或两个以上的动力工程系统之间客观存在的关系。比如，图 2-4 某工程项目的动力工程系统之间的关系：图 2-4(a)所示，只有配电系统向供水系统提供电力，其供水系统才能形成供水功能，节点③是它们之间的衔接节点；图 2-4(b)所示，只有纯水系统、冷冻水系统分别向生产冷却水系统提供纯水、冷冻水，其生产冷却水系统才能形成生产冷却水的功能，节点⑧是它们之间的衔接节点。

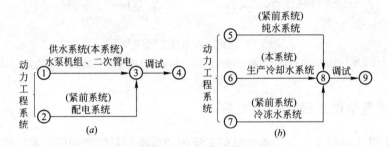

图 2-4　某工程项目的动力工程系统之间的关系

(a)供水站的供水系统与配电系统之间的关系；

(b)生产冷却水站的生产冷却水系统与纯水系统、冷冻水系统之间的关系

（5）动力工程系统与建筑工程系统之间的关系，是指两者之间客观存在的关系，有下列两种情况：

第一种情况，建筑环境系统是紧前系统，动力系统是本系统，如图 2-5(a)所示；

第二种情况，动力系统是紧前系统，建筑环境系统是本系统，如图 2-5(b)所示。

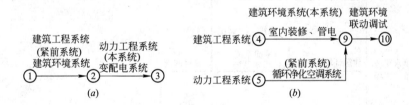

图 2-5　某工程项目的动力工程系统与建筑工程系统之间的关系

(a)中心变配电站的建筑环境系统与变配电系统之间的关系；(b)空调机房的空调系统与建筑环境系统之间的关系

（6）建筑工程系统之间的关系，是指两个或两个以上的建筑工程系统之间客观存在的关系。有下列两种情况：

第一种情况，有洁净室的单位工程，如图 2-6(a)所示。凡是在施工过程中产生尘埃的工程，都必须在洁净室单位工程建筑环境联动调试前完成，同时完成绿化，形成绿化小区，确保新风质量。否则将会造成循环净化空调系统的二次污染，甚至影响高效过滤器的

使用年限，影响洁净室的空气洁净度。

第二种情况，无洁净室的单位工程，如图 2-6(b)所示。室外管电单位工程各系统必须在办公楼建筑环境调试前完成，否则办公楼无法进行建筑环境联动调试。

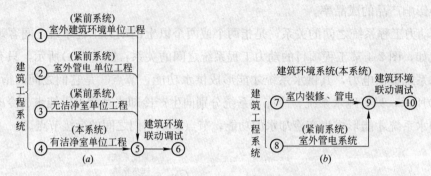

图 2-6 建筑工程系统之间的关系

(a)有洁净室的单位工程与无洁净室的单位工程之间的关系；(b)某办公楼建筑环境系统与室外管电各系统之间的关系

四、理顺各单位工程之间的关系

各单位工程之间的关系是指两个单位工程中的系统与系统之间的关系。比如，"图 2-7 某工程项目的供水泵房单位工程与冷冻水站单位工程之间的关系"所示，供水泵房单位工程的供水系统(紧前系统)②→⑤→⑦与冷冻水站单位工程的软化水系统(本系统)④→⑦→⑨之间的关系，节点⑦是这两条系统的衔接节点，这就是这两个单位工程之间的关系，如图 2-7 中粗线所示。这就是说，供水泵房的自来水是冷冻水站软化水的源水，软化水又是冷冻水的源水，即供水泵房必须向冷冻水站提供自来水；否则，冷冻水站将无法生产出冷冻水。

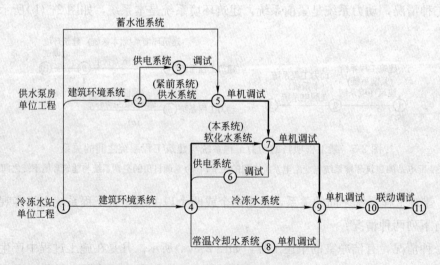

图 2-7 某工程项目供水泵房单位工程与冷冻水站单位工程之间的关系

五、系统方法在编制群体工程施工网络总计划中的主要作用、主要程序

1. 主要作用

它的主要作用是编制工程项目以系统为基本组成单元的网络图，确定各单位工程、各系统完成的先后顺序，限定各单位工程、各系统的最迟完成时间不能被超出，为编制"工程项目施工网络总计划"奠定基础。

2. 主要程序

（1）按单位工程划分系统，理顺关系，使之成为一条大系统；

（2）理顺各单位工程之间的关系，编制工程项目以系统为基本组成单元的网络图。

六、民用工程的三种工程系统

民用工程与工业工程一样，也有三种工程系统。所不同的是，工业工程是生产有形产品的；而民用工程的产品是服务、软件两种，即无形产品。民用工程中的民航机场、火车站、汽车客运中心、医院、体育馆、影剧院、购物中心、贸易中心、宾馆、酒店、图书馆等都是向旅客、顾客提供各种服务的。比如，民用机场的产品是向旅客提供"安全准点、舒适快捷、整洁卫生"的出行服务。它的工艺工程系统有：航站楼的出发、到达系统，航管系统(含塔台)，食品、餐饮系统等。它的动力工程系统有：航油系统、地面运输系统、变配电系统、供水系统、冷冻水系统、空调系统、污水处理系统、消防监控联动系统等。它的建筑工程系统有：航站楼建筑环境系统，航管楼(含塔台)建筑环境系统，食品楼建筑环境系统，航油站建筑环境系统，地面运输车库建筑环境系统，消防车库建筑环境系统，各种办公楼建筑环境系统，飞行区的跑道与站坪系统，旅客航站区、工作区的室外管电系统，室外建筑环境系统等。

民用工程中的设计中心、科研院（所）等，是向顾客提供软件产品的，比如，计算机程序软件、产品生产工艺文件等。也有的科研院（所）、设计中心既生产新产品(有形产品)，也研究开发新产品规模化生产的工艺文件(无形产品)。它们的三种工程系统、六个关系与工业工程的三种工程、六个系统是一样的。

综上所述，三种工程系统、六个关系既适用于工业工程，也适用于民用工程。

第二节 流 程 方 法

施工工艺标准，是企业多年施工过程中不断总结、不断改进、不断升华而形成的一种企业技术标准。它具有如下三个特点：一是符合国家现行施工验收规范要求及有关施工的相关规定；二是通过大量的数据、文字及图表形式对工艺流程进行详尽的描述；三是对国家现行验收规范还没有涉及的工程内容，比如新材料、新技术等，通过反复调查研究、试验、计算、比较后，制定出新的施工工艺及施工验收标准，达到了设计要求、业主要求，并在施工过程中不断改进、提升。它是企业施工操作、编制施工方案的技术依据，是内部验收标准；它是企业技术进步、技术积累的载体；它是企业技术水平、管理水平的重要标志，是企业的宝贵财富。

工艺流程，是指工程施工过程中，按照内在规律所形成的各个工作之间的先后顺序，也称施工流程。它是施工工艺标准的重要组成部分。

流程方法，是指"工艺流程"在网络计划中的运用。具体地说，是指在系统方法的基础上，对每一条系统的施工内容进行研究分析，根据网络计划的需要把它划分成若干个工作，并找出这些工作之间在施工过程中客观存在的先后顺序，即施工工艺流程，据此组织施工，使之达到各个工作的连续控制，按时或提前实现各条系统的工期目标。

一、流程方法在工艺工程系统中的应用

以前，通常将工艺工程系统划分为两个工作组织施工：一是设备、二次管电安装，二是试生产。如此安排不足之处是，若在试生产过程中出现状况，其分析原因、查找问题所涉及的范围很广，需要用很长时间才能找到症结所在。有些工程项目的试生产周期长达半年之久，甚至更长，其原因就在这里。经过多年的不断研究总结，找到了工艺工程系统的客观存在的内在规律，即"五个工作"的工艺流程。按此方法施工，就可以收到从设备安装直至投产一次成功，又好又快地形成生产能力。下面，以某集成电路工艺工程系统的"五个工作"的工艺流程、工作内容、内在规律、网络图及施工网络计划分述如下：

图 2-8 某集成电路工艺工程系统施工工艺流程

1. 工艺流程

2. 工作内容

（1）A 工作——设备就位、调整、二次管电安装；

（2）B 工作——设备静态检验，用于工艺系统的动力工程系统检验，设备动态检验；

（3）C工作——单项工艺考核，按照工艺文件在每台设备上进行动态工艺考核；

（4）D工作——在生产状态下进行小批量流通，对各生产工序成品率进行考核；

（5）E工作——进行批量生产，对产品性能、质量、成品率、生产能力等进行考核。

3. 内在规律

这"五个工作"是工艺工程系统的全部。其中，每一个工作的内容清晰，它既有独立性、阶段性，工作与工作之间又具有连续性。只要稍加分析，这种连续性就是客观存在的关系，即紧前工作没有完成，本工作不得进行。违背这个工艺流程，必然导致试生产周期延长，造成不必要的资源损失。另外，这"五个工作"每完成一个工作都要对它的有效性进行确认，一旦出现状况，它所涉及的范围很小，有利于及时分析原因、提出对策、解决问题；这样，就可以不走弯路，用最短的时间、最少的资源，从设备安装直至投产一次成功。比如，某集成电路芯片生产线在试生产时发现芯片成品率很低，问题出在哪里，一时很难断定，从单晶硅查起直至全部生产设备的生产工艺，都未发现问题，最后查出是高纯气体纯度不达标所致，前前后后用了两个多月的时间；若用"五个工作"工艺流程，此问题在B工作过程中就可以得到解决。比如，某集成电路封装生产线在试生产时，也出现了集成电路成品率低的问题，后经几番周折，查明是生产工艺文件出了问题；若用"五个工作"工艺流程，此问题在C工作过程中就可以发现，并得到及时的解决。实践证明，"五个工作"工艺流程是不能违背的，它是工艺工程系统的各个工作之间客观存在的先后顺序。

4. 网络图、施工网络计划

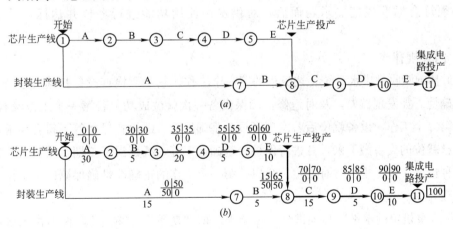

图 2-9　某集成电路工艺工程系统网络图、施工网络计划

（a）网络图；（b）施工网络计划

二、流程方法在动力工程系统中的应用

某供水站供水系统的工艺流程、工作内容、内在规律、网络图及施工网络计划分述如下：

1. 工艺流程

| 基础验收 | → | 水泵机组、初平 | → | 混凝土、养护 | → | 精平、抹面 | → | 二次管电 | → | 单机调试 | → | 系统调试 |

图 2-10　某供水站供水系统施工工艺流程

2. 工作内容

（1）基础验收——按移交基础资料结合设计图纸复核基础尺寸及螺孔尺寸，打毛地脚螺孔、清扫基础(含地脚螺孔)，用水清洗并清理干净；

（2）水泵机组、初平——将水泵机组放于基础上面，然后穿上地脚螺栓并带螺帽(外露螺栓)，底座下放置垫铁，用水平尺初步找平；

（3）混凝土、养护——向螺栓孔灌注细石混凝土，并进行养护；

（4）精平、抹面——待细石混凝土强度达到要求后进行水泵机组精平，并拧紧地脚螺栓帽，垫铁以点焊固定，打毛基础面，用水冲洗后以水泥砂浆抹平；

（5）二次管电——将吸水井内吸水管至水泵机组(含水泵机组之间的配管)、水箱、出水管全部连通，完成后进行试压、清洗、消毒，从配电柜(兼容控制装置)至水泵机组穿电力线、控制弱电线、并检测电阻；

（6）单机调试——通电检查水泵机组正、倒转，加油盘车使水泵电动机转动灵活，进行无负荷单机运转，对相关系统进行检查，是否具备了系统调试要求；

（7）系统调试(试运转)——将水泵出水管阀体关闭，随泵启动运转再逐渐打开，并检查有无异常，电动机升温、水泵运转、压力表及真空表的指针数值、接口严密程度都必须符合标准规范要求，而后，对供水站使用功能进行考核并达标，最后做好标识。

3. 内在规律

（1）基础验收是供水系统工艺流程的第一个工作，它主要检查设备基础尺寸、孔洞尺寸的正确性，如发现偏差，及时返修，确保设备一次就位成功。若第一个工作没有进行，就进行第二个工作，设备就位后若发现了设备基础尺寸、螺栓孔尺寸等不符合要求，就会造成把已就位的设备搬下来，并进行保护，基础返工等，既延误了工期，又损失了很多资源。这种情况，施工现场时有发生。所以，第一个工作的正确性是确保第二个工作一次成功的前提。

（2）水泵机组的水平度必须进行二级调平，即"初平"、"精平"，否则将无法达到规范要求。灌注混凝土固定地脚螺栓有两个作用：一是确保"初平"成果，二是保证"精平"有效进行。所以，"初平"、"混凝土"、"精平"这三个工作的先后顺序是客观存在的，是不能颠倒的。

（3）先安装水泵机组，后安装二次管电；先安装二次管电，后单机调试；先单机调试，后系统调试(试运转)。这些都是十分明显的客观存在的先后顺序。

（4）网络图、施工网络计划

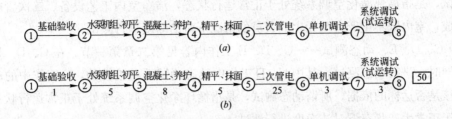

图 2-11 某供水站的供水系统网络图、施工网络计划

（a）网络图；（b）施工网络计划

三、流程方法在建筑工程系统中的应用

某洁净厂房建筑环境的工艺流程、工作内容、内在规律、网络图及施工网络计划如下：

1. 工艺流程

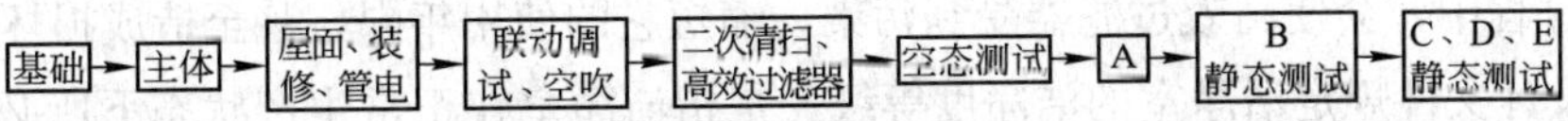

基础 → 主体 → 屋面、装修、管电 → 联动调试、空吹 → 二次清扫、高效过滤器 → 空态测试 → A → B 静态测试 → C、D、E 静态测试

图 2-12 某洁净厂房建筑环境系统施工工艺流程

2. 工作内容

（1）基础——钢筋混凝土独立柱基。

（2）主体——钢筋混凝土框架结构，砖砌外墙。

（3）屋面、装修、管电——卷材防水屋面；外装修系灰白色面砖，白色塑钢窗；内装修系彩钢石膏板复合墙面，夹芯保温彩钢板吊顶，密封、第一次清扫，环氧地面，各种管电、器具(照明灯具、风口、温湿度传感器、感温/感烟探测器、下喷淋等)。

（4）联动调试、空吹——有关建筑环境各动力系统(供电系统、供水系统、软化水系统、常温冷却水系统、冷冻水系统、热交换系统、DDC 空调控制系统、循环净化空调系统等)进行联动调试并检测温度、湿度、风量、风速、正压、噪声、照度、静电、微振、火灾报警联动控制等。所谓空吹，是指在联动调试完成后，循环净化空调系统仍不停地连续 48～72 小时的运行，从而使洁净室空气得到净化，在时间允许的情况下可适当延长一些时间。

（5）二次清扫、高效过滤器——在空吹完成后，用纯水进行更加彻底的第二次清扫，而后安装高效过滤器。

（6）空态测试——所谓空态测试，是指洁净室已完成，循环净化空调系统处于正常运行状态，室内没有工艺设备、材料、生产人员的情况下对洁净度进行测试。

（7）A——工作内容见第二章第一节。

（8）B、静态测试——B 工作内容见第二章第一节，B 工作完成后进行静态测试。所谓静态测试，是指循环净化空调系统处于正常运行状态，洁净室内工艺设备、二次管电均已安装完成，室内既不生产，又无生产人员的情况下对洁净度进行测试。

（9）C、D、E、动态测试——C、D、E工作内容见第二章第一节。在C、D、E工作进行的同时，进行动态测试，其中C、D工作中动态测试系监控性的，E工作中的动态测试是考核是否达标的依据。所谓动态测试，是指循环净化空调系统处于正常运行状态，洁净室处于正常生产状态下对洁净度进行测试。

3. 内在规律

（1）先做基础，后做主体；先做主体，后做屋面、装修、管电；先做屋面、装修、管电，后做建筑环境联动调试。这些顺序都是十分明显的客观存在的先后顺序。

（2）先做建筑环境联动调试、空吹，后做二次清扫、安装高效过滤器，这种顺序是不能改变的。这是因为，联动调试、空吹这个工作有两个作用：一是通过联动调试对与建筑环境系统相关联的所有动力系统进行检验；二是对洁净室的原始空气，即在施工过程中形成的很不洁净的空气进行洁净处理。可是，在施工过程中还时有发生改变上述两个工作的顺序，把安装高效过滤器安排在与室内末端器安装一并进行。如此安排，在进行联动调试、空吹过程中，会使高效过滤器受到污染，缩短它的使用年限，甚至造成损坏。

（3）设计文件规定洁净室的洁净度等级，是指洁净室在正常生产状态下所必须要达到的洁净度标准。为了确保用最短的时间一次达到这个标准，于是采用了"三态"测试流程，即空态测试→静态测试→动态测试。经过"三态"测试流程，洁净室洁净度都可以一次达标，这是不能违背的先后顺序。若不用"三态"测试流程，只用最终的动态测试，那是十分冒险的事；一旦不能达标，其后果将是十分严重的，所付出的代价将是难以想象的。

4. 网络图、施工网络计划

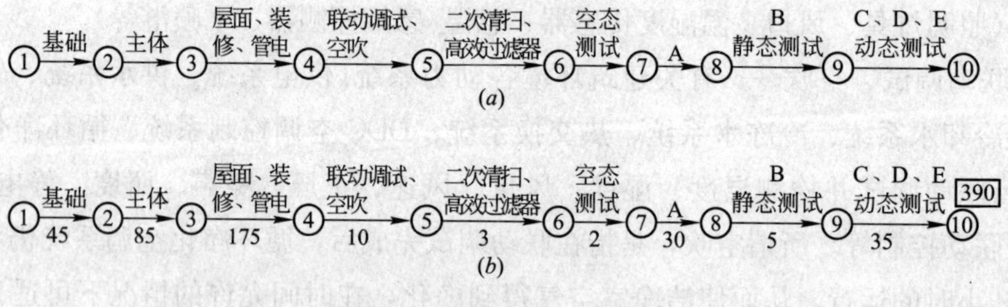

图 2-13 某集成电路建筑环境系统网络图、施工网络计划

（a）网络图；（b）施工网络计划

四、划分工作

1. 基本前提

划分工作是对每一条系统的展开、细化，但不能改变各系统之间的关系。也就是说，

划分工作必须在系统方法所编制的"工程项目以系统为基本组成单元的网络图"的基础上进行。

2. 按照"四个有利"来划分工作

"工作"是网络计划的基本组成单元。工作内容的多少,划分的粗细程度应根据计划的需要来决定。具体一点讲应按照"四个有利"来划分工作:一是有利于编制计划,二是有利于理顺各工作之间的关系,三是有利于控制进度,四是有利于用组织方法来组织施工。下面用两个示例加以说明。因为,一条系统涉及很多个工作,为了说明问题,下面用一条系统中的一个"工作"来说明如何按照"四个有利"来划分工作内容的多少、粗细程度。

示例1,某单层工业厂房主体外形工程的划分工作粗细程度有四种划分方法,如图 2-14 所示:

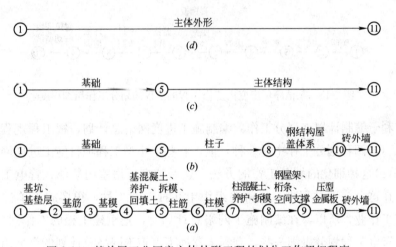

图 2-14 某单层工业厂房主体外形工程的划分工作粗细程度

按照有利于编制计划来划分工作:施工进度网络总计划的特点是由许多单位工程所组成的,是一条很大的系统。它的主要作用是指导施工、控制进度,是施工进度的轨道。所以,划分工作宜粗一些,视工程项目的规模大小、复杂程度而定,宜采用图 2-14(b)、(c)、(d)三种划分工作中的一种;小区工程施工计划、单位工程施工计划是施工进度总计划的展开、细化,所以,划分工作宜细一些,视工程情况宜采用图 2-14(a)、(b)两种中的一种。

按照有利于理顺各个工作之间的关系来划分工作,如图 2-14(c)所示,先基础①→⑤,后主体结构⑤→⑪;图 2-14(b)所示,先基础①→⑤,后柱子⑤→⑧;先柱子⑤→⑧,后钢结构屋盖体系⑧→⑩;先钢结构屋盖体系⑧→⑩,后砖外墙⑩→⑪。这些都是客观存在的工作之间的关系;图 2-14(a)所示,先基坑、基坑垫层①→②,后基筋②→③;先基筋②→③,后基模③→④……以此类推,这些也都是客观存在的各工作之间的关系。

按照有利于控制施工进度来划分工作:图 2-14 所示:节点⑤、⑧、⑩、⑪都是该单层厂房施工进度中十分重要的四个控制节点,而其他中间节点②、③、④、⑥、⑦、⑨都是为确保顺利完成这四个节点而设置的，如此划分工作有利于控制施工进度。

按照有利于运用组织方法组织施工来划分工作，如图 2-14（a）所示，宜按分项工程、工种组织分区流水施工；如图 2-14（b）所示，宜按分部工程、子分部工程组织流水施工；如图 2-14（c）所示，宜组织分部工程流水施工。

示例 2 某洁净厂房室内装修、管电工程的划分工作粗细程度，有三种划分方法，如图 2-15 所示。

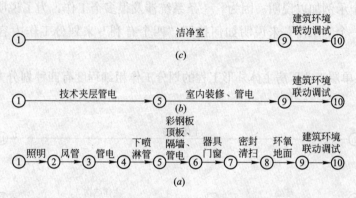

图 2-15　某洁净厂房室内装修、管电工程的划分工作粗细程度

按照有利于编制计划来划分工作：编制施工进度网络总计划，视工程规程大小宜采用图 2-15（b）、（c）两种划分工作中的一种，但，有些中小型工程项目施工进度网络总计划也选用图 2-15（a）这种细化的划分工作的方法，这是洁净厂房室内装修、管电工程施工特点所决定的。在这个施工过程中，通常要组织十几种专业工种，很多施工单位参加分区平行、流水施工作业，所以，在编制施工网络总计划时，把土建工程的工作划分得粗一些，室内装修、管电工程划分得细一些，有利于发挥工程施工网络总计划的全面组织施工、控制进度的作用。编制小区工程施工计划、单位工程施工计划宜采用图 2-15（a）、（b）两种划分工作中的一种。

按照有利于理顺各工作之间的关系来划分工作：图 2-15（b）所示，先技术夹层管电①→⑤，后室内装修、管电⑤→⑨，这是"先上后下"客观存在的工作之间的关系，是绝对不能颠倒的；否则，将无法进行施工。本示例所指的技术夹层，是指彩钢板吊顶的上表面至单层厂房屋面板的下表面，这个空间称为技术夹层，是供给各种管电、设施等进行安装使用的。另能承受施工及日常检修荷重的称为硬技术夹层，反之是软技术夹层。本示例是硬技术夹层。图 2-15（a）所示，前四个工作是指技术夹层内的各种管电均按不同的四层高度来划分的，其中最高一层是照明①→②，该工作是为技术层内各种管电、设施等在进行日常检修时提供的照明，所以，必须把它设置在技术夹层顶板上；第二次高层风管②→③，这里所指的风管是接至洁净室内各种末端器具的送回风管；第三层次低层管电③→④，这里所指的管电是接至洁净室内的各种末端器具的工业管道、母线桥架内电气干线、干支线及出母线桥架后用套管保护的电气电线及弱电线等；第四最低层下喷淋管④→⑤，这里所指的喷淋管是接至洁净室内末端器具消防喷淋头的消防管。上述这种"先上后下"

40

的客观存在的关系是不能违背的，但是，过去有一些工程在施工中屡屡发生不遵守这种规律的情况，其结果是屡遭返工，有的还十分严重。事实证明，划分工作时必须要遵循有利于理顺各工作之间的关系这一原则。如图 2-15(a)所示，后五个工作之间的关系：彩钢板顶板、隔墙、管电⑤→⑥是器具、门窗⑥→⑦的载体；密封、清扫⑦→⑧是对室内所有接缝进行密封，使之形成密闭的洁净室；经过全面彻底的清扫才能施工环氧地面⑧→⑨；完成了环氧地面，标志着室内建筑环境已全部完成，具备了建筑环境联动调试⑨→⑩的条件。上述各个工作之间的关系都是十分明显的客观存在的关系。

按照有利于控制施工进度来划分工作，如图 2-15 所示，节点⑤、⑨、⑩是洁净厂房室内装修、管电施工进度中十分重要的控制节点，必须设置；而其他的中间节点②、③、④、⑥、⑦、⑧，都是为确保完成上述三个控制节点而设置的。

按照有利于用组织方法组织施工来划分工作，图 2-15(a)所划分的九个工作，是按照有利于组织分区流水施工而划分的，也是洁净厂房施工中常用的一种组织方法，并取得了又好又快的效果，详见第二章第三节中的"图 2-16 某洁净厂房室内建筑环境分三个区施工网络计划"。

上述两个示例划分工作粗细程度的划法，并非示例 1 中的 4 种、示例 2 中的 3 种，而是可以划分出更多种。这里主要是通过示例来说明划分工作粗细程度应根据所编制计划的需要来决定，应根据"四个有利"来划分。

五、流程方法在编制群体工程施工网络总计划中的主要作用、主要程序

1. 主要作用

它的主要作用是编制"工程项目过渡性施工网络总计划"，确定各单位工程、各系统、各工作的最迟完成时间。

2. 主要程序

(1) 在系统方法所编制的工程项目以系统为基本组成单元的网络图的基础上，按每条系统划分工作，理顺之间的关系，并形成施工工艺流程，编制工程项目以工作为基本组成单元的网络图；

(2) 计算每个工作持续时间；

(3) 计算时间参数，求出关键线路，编制"工程项目过渡性施工网络总计划"。

第三节 组 织 方 法

组织方法是指在系统方法、流程方法的基础上，运用统筹兼顾原理，按照安全、有序、经济、高效的原则，最大限度地利用好时间、空间、资源来组织工程建设，在按期或提前完成总工期的同时，取得最佳经济效果。组织方法是最具有活力的。人们常说，向管理要进度、要质量、要效益，往往指的是组织方法。组织方法的具体运用主要有下述五种。

一、确定"总计划草案"中各单位工程、各系统的最早开始时间

所谓确定各单位工程、各系统的最早开始时间，是指确定非关键线路上的各单位工程、各系统的最早开始时间，这是运用组织方法的核心内容。

1. 前提

确定各单位工程、各系统的最早开始时间，必须在"工程项目过渡性施工网络总计划"的基础上进行。这是联合运用"三种方法"编制"总计划"的客观存在的规律所决定的。在"过渡性总计划"中已经理顺了各单位工程、各系统之间的关系，已经计算出了各工作的持续时间、时间参数，并求得了关键线路，如第一章"图 1-15 某供水站小区工程过渡性施工网络计划"、第三章"3-12 某集成电路工程项目过渡性施工进度网络总计划"所示。这就为确定各单位工程、各系统的最早开始时间提供了依据，为编制"总计划草案"奠定了基础。

2. 方法

（1）确定可以利用的总时差的最大数值。在确保总工期的前提下，确定各单位工程各系统可以利用的总时差（过渡性总计划中的总时差，以下同）的最大数值。

（2）根据工程项目各单位工程、各系统的具体情况，制定施工组织措施。

（3）列出在关键线路上各单位工程、各系统的各施工阶段所需要的人力、机具等资源数量。

（4）列出各单位工程、各系统相继开工后，各施工阶段所需要的人力、机具等资源数量。

（5）确定各单位工程、各系统的最早开始时间。对上述（1）、（2）、（3）、（4）进行综合分析、计算、比较后，确定各单位工程、各系统所利用总时差的最佳数值；这时，各单位工程、各系统的最早开始时间也就随之被确定下来了。

3. 确定内容

根据上述（2）、（5）结合本章第二节来确定室外管电安装、室外建筑环境等单位工程的最早开始时间。

二、"分区"、"分段"施工方法

1. "分区"施工的概念

该方法用于建筑面积大、专业工种多、施工单位多的单位工程。分区施工是指将单位工程按平面划分若干个施工范围（若干个施工区，简称区），各区全部空间内的工作，均按照各工作之间客观存在的关系进行施工；并进行区与区之间有序流水。比如，把某洁净厂房室内建筑环境系统分成三个区组织施工，如图 2-16 所示。

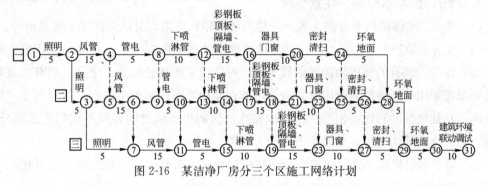

图 2-16　某洁净厂房分三个区施工网络计划

图 2-16 中，□表示一区，□、□以此类推。该图有两个特点：一是□、□、□各区内的各工作之间的顺序都是一样的，即照明→风管→管电→下喷淋管→彩钢板顶板、隔墙、管电→器具、门窗→密封、清扫→环氧地面；二是区与区之间有序流水的顺序是□→□→□，比如，□照明①→②→□照明②→③→□照明③→⑦，其他各工作的区与区之间有序流水顺序以此类推。

2. "分段"施工的概念

分段施工通常用于室外管电工程。所谓分段是指将室外管电工程，划分成若干个施工段（简称段），各段内的工作按照它们之间的客观存在的关系进行施工；并进行段与段之间的有序流水。比如，将某室外低架空热力管道划分成三段施工，如图 2-17 所示。

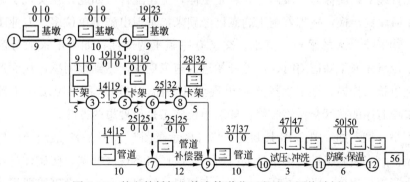

图 2-17　某室外低架空热力管道分三段施工网络计划

图 2-17 中，□表示一段，□、□以此类推。该图有三个特点：一是□、□、□各段

内的工作之间的顺序基本上是一样的，即基墩→卡架→管道，仅 ☐二 管道、补偿器⑦→⑨略有不同外，其他完全一样；二是段与段之间有序流水的顺序是 ☐一→☐二→☐三，比如，☐一基墩①→②→☐二基墩②→④→☐三基墩④→⑧，其他各工作的段与段之间有序流水顺序以此类推；三是 ☐一、☐二、☐三 段的试压、冲洗⑩→⑪，及 ☐一、☐二、☐三 段的防腐、保温⑪→⑫统一施工。

3. 划分区的基本原则、注意事项

（1）基础、主体结构等分部工程，应尽可能按结构界限划分区，比如，变形缝等。

（2）安装、装修等分部工程，应尽可能按使用功能界限划分区，比如，生产区、动力区、办公区等。若有的使用功能界限较大时，可以把它再划分成若干个区。但有二点要注意：一是按使用功能界限划分区时，应尽可能在结构界限的基础上进行，这有利于"结构区"向"功能区"的转化、衔接；二是应按生产区的生产线之间客观存在的关系划分区，比如，芯片生产线为一区，封装生产线为二区等。

（3）对于多层建筑、高层建筑宜采用按层划分区，若楼层面积较大时，也可把一个楼层面再划分成若干个区。带有裙房的高层建筑，仍要结合(1)、(2)来划分区。

（4）按不同的装修划分区，比如，硬吊顶、软吊顶、无吊顶等。

（5）结合检验批划分区、段。

4. "分区"、"分段"的作用

主要有如下四个方面的作用：

（1）第一个作用，有利于有序、高效的组织土建施工单位按区、按时交付给装修、安装单位进入施工，实现施工阶段性转换。也就是说，在施工一个建筑物地基与基础、主体结构这个过程，通常称之为土建单位是施工主体，装修、安装单位是配合土建单位施工的施工阶段，简称为，土建是主体，装修、安装配合的施工阶段；通过分区，土建单位按区、按时分别交付给装修、安装单位进入施工，逐步实现了装修、安装单位是施工主体，土建单位配合施工，简称为，装修、安装是主体，土建配合，如此，就实现了施工阶段性转换。这个阶段性转换，标志着施工高潮已经到来，呈现出施工单位多、专业工种多、施工人员多、物资流量大的平行、流水、交叉有序施工的局面；如果不采取分区施工，装修、安装单位事先就不知道何时、何处开始进入施工现场，感到很困惑，从而产生了盲目地、仓促地争抢工作面，施工现场必然出现混乱局面，以前这种情况屡见不鲜。实践证明，土建单位有序的按区交付给装修、安装单位施工是最理想的方法。

下面列举一例，如"图 2-18 某制药厂房分区示意图"、"图 2-19 某制药厂房室内土建分区交付装修、安装施工进度网络计划"所示。该厂房系现浇框架，砖砌体外墙；生产区室内装修为彩钢板顶板、隔墙及环氧地面，有恒温、恒湿、空气洁净度等要求；动力区无吊顶，内墙涂料面层，油漆地面；各使用功能区皆用砖砌体隔开。图 2-18(a)中虚线是结构变形缝位置，以此界限划分成两个区，即 ☐一、☐二；(b)中实线系砖砌体内隔墙，以此界限按使用功能划分成五个区，即三、四生产区，五仓储区，六办公区，七动力区。

图 2-19 是组织分区施工实现阶段性转换的典型案例，简述如下：

节点⑤、⑧、⑨、㉒、㉑是十分重要的控制进度的节点，也是"转换性"节点。在⑤、⑧这两个节点之前的一、二的那些各个工作的施工过程，均为土建施工为主体，装修、安装配合土建的施工阶段，即一的①→②→③→⑤，二的②→④→⑥→⑧；同时，这两个区的各个工作进行有序流水，比如一基础①→②，流水到二基础②→④，以此类推。从⑤、⑧这两个节点开始，三、四的那些各个工作的施工过程已转换为以装修、安装为主体，土建配合的施工阶段，即三的⑤→⑦→⑩→⑬→⑱→㉓→㉝→㊵→㊿→㊾，四的⑧→⑨…⑪→⑭→⑮…⑲→㉔→㉞→㊶→㊿→㊾→㊱；同时，这两个区的各个工作进行有序流水，比如，三的地面基层、抹灰、门窗框、管电⑤→⑦有序流水到四的地面基层、抹灰、门窗框、管电⑧→⑨，以此类推。从节点⑨开始，五、六分别进入以装修、安装为主体、土建配合的施工阶段，即五的⑨→⑯→⑳→㉕→㉟→㊻→㊾→㊿，六的⑨→㉑→㉖→㊱→㊼→㊿→㊱；同时，两个区的各个工作进行有序流水，比如，五管风⑯→⑳有序流水到六风管㉑→㉖，以此类推。从节点⑨开始，七也开始进入以装修、安装为主体，土建配合的施工阶段，即⑨→⑫→⑰→㉒。从节点㉒开始，七的六个动力站全面展开安装，即空调机房的㉒→㉗→㊲→㊽→㊿→㊾，冷冻水站的㉒→㉘→㊳→㊷→㊿→㊾，变配电站的㉒→㉙→㊸→㊾，软化水站的㉒→㉚→㊹→㊾→㊿，热交换站的㉒→㉛→㊴→㊺→㊼→㊾，DDC 空调系统控制中心机房的㉒→㉜→㊾→㊾。这六个动力站完成后进行油漆地面㊽→㊱，这样的流程，有利于油漆地面的成品保护。上述三、四、五、六、七各区的

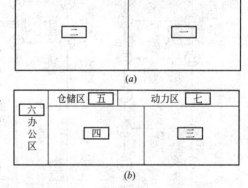

图 2-18 某制药厂房分区示意图

(a)在施工基础、主体结构阶段按结构界限分区示意图；
(b)在施工装修、安装阶段按使用功能界限分区示意图

装修、安装完成后，从节点㊱开始就进入建筑环境全面联动调试、检验阶段，即㊱→㉒→㉓→㉔，这个阶段完成后，就标志着该建筑工程已基本建成。

通过上面的简述可以清楚地看出，运用分区施工方法，可以把复杂的室内工程组织得井井有条，有序的将以土建为主体的施工阶段转换到以装修、安装为主体的施工阶段，并逐步有序地将建筑工程施工推向高潮，最后，再有序的转换到建筑环境联动调试、检验阶段。由此可见，分区施工是组织方法中十分重要的方法之一。当今，"分区施工"在工程施工中已运用得十分广泛，但在运用方法上亟待提高。

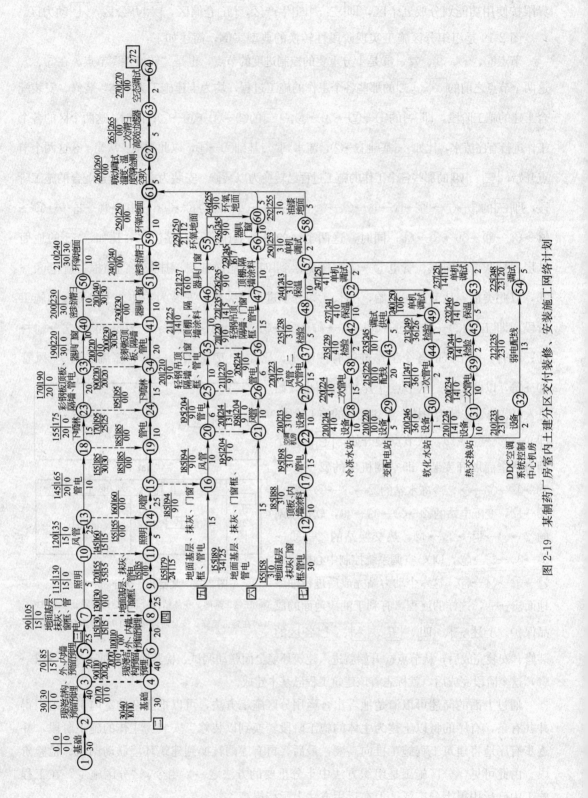

图 2-19 某制药厂房室内土建分区交付装修、安装施工网络计划

（2）第二个作用，有利于组织有序、高效施工，缩短工期。比如，某室外低架空热力管道分三段施工，如图 2-17 所示，计划工期为 56 天。若不分段，采用依次施工方法，即各工作之间没有搭接时间，而是基墩→卡架→管道等工作依次进行施工，其计划工期为 85 天，其中，基墩 28 天（9＋10＋9＝28 天）、卡架 16 天（5＋6＋5＝16 天）、管道及补偿器 32 天（10＋12＋10＝32 天），还有试压、冲洗 3 天，防腐、保温 6 天。两者相比，前者缩短工期 29 天，且施工井井有条。

（3）第三个作用，有利于组织连续、均衡的流水施工。比如，某室外低架空热力管道的基墩部分，该基墩有 7 个工作（分项、工序），分三段组织流水施工，这 7 个工作分三段施工的持续时间（流水节拍）如表 2-1 所示。

室外低架空热力管道基墩（分三段施工）7 个工作持续时间表　　表 2-1

工作序号	7 项工作名称	施工段		
		一	二	三
		每段持续时间（流水节拍天）		
1	挖土	1	2	1
2	混凝土垫层	1	1	1
3	钢筋	2	3	2
4	模板	3	4	3
5	混凝土	1	1	1
6	养护、拆模	4	4	4
7	回填土	1	2	1

该示例系属于无节奏流水施工方式，这种无节奏流水施工方式是工程建设流水施工最常见的一种方式。首先要计算、确定出两个相邻工作之间的流水步距（K），然后编制流水施工进度计划。通常采用"相邻工作每段持续时间累加数列错位相减取大差"的方法来计算流水步距，这种方法是由潘特考夫斯基（译音）首先提出的，所以，又称为潘特考夫斯基法。该方法分两步计算流水步距：第一步是对每一个工作在各施工段上的持续时间依此累加，求得各工作持续时间的累加数列；第二步是将两个相邻工作持续时间累加数列中的后者错后一位，相减后求得一个差数列，并在差数列中取最大值，即为这两个相邻工作的流水步距。

按照上述两步，计算本示例两个相邻工作流水步距：

第一步求各工作持续时间的累加数列：

1	挖土	1	,	3	,	4
2	混凝土垫层	1	,	2	,	3
3	钢筋	2	,	5	,	7
4	模板	3	,	7	,	10
5	混凝土	1	,	2	,	3
6	养护、拆模	4	,	8	,	12
7	回填土	1	,	3	,	4

第二步两个相邻工作错位相减求得差数列，并在差数列中取最大值，即为这两个相邻

工作的流水步距：

K1，2：　　　1，　3，　4

$$\underline{-)\qquad\quad 1,\quad 2,\quad 3}$$

K1，2=max[1，　2，　2，　−3]=2 天

K2，3：　　　1，　2，　3

$$\underline{-)\qquad\quad 2,\quad 5,\quad 7}$$

K2，3=max[1，　0，　−2，　−7]=1 天

K3，4：　　　2，　5，　7

$$\underline{-)\qquad\quad 3,\quad 7,\quad 10}$$

K3，4=max[2，　2，　0，　−10]=2 天

K4，5：　　　3，　7，　10

$$\underline{-)\qquad\quad 1,\quad 2,\quad 3}$$

K4，5=max[3，　6，　8，　−3]=8 天

K5，6：　　　1，　2，　3

$$\underline{-)\qquad\quad 4,\quad 8,\quad 12}$$

K5，6=max[1，　−2，　−5，　−12]=1 天

K6，7：　　　4，　8，　12

$$\underline{-)\qquad\quad 1,\quad 3,\quad 4}$$

K6，7=max[4，　7，　9，　−4]=9 天

根据表 2-1 室外低架空管道基墩分三段施工 7 个工作持续时间表，及流水步距绘制流水施工进度计划，如表 2-2 所示，其计划工期为 27 天。

某室外低架空热力管道基墩流水施工横道进度计划　　　表 2-2

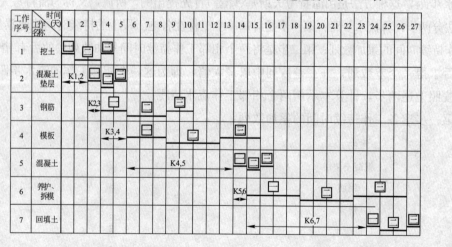

用双代号网络计划方法也可以表示流水施工，但是，必须具备两个条件：一是必须把相邻工作的流水步距引入网络计划之中；二是必须全部按照最早开始时间施工，则各段所

有的工作就能连续流水施工了，如图 2-20 所示，其计划工期也是 27 天。

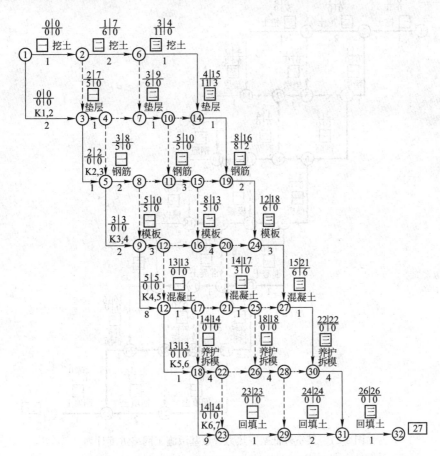

图 2-20　某室外低架空热力管道基墩流水施工网络进度计划

　　有一点值得注意的是，流水施工的特点是连续作业，可以提高施工效率，节约人工费用和机械费用，以及施工管理费用，从而降低施工成本。另外，运用流水施工方法的工程工期也比应用依次施工方法要短。比如，表 2-1 某室外低架空热力管道基墩流水施工横道进度计划，以及"图 2-20 流水施工网络进度计划"所示，其计划工期为 27 天，若用依次施工方法，其计划工期则为 43 天，缩短工期 16 天。但是，上述工程，若用网络计划方法仅需要 21 天，比流水方法还要缩短 6 天，如图 2-21 所示，这是因为网络计划技术方法都是以工期最短为目标的。总之，在不影响总工期的情况下，把两者结合起来，其中总计划、小区计划、单位工程计划都运用网络计划技术编制，而一部分分部工程、分项工程计划（专业、工种、工序）运用流水施工方法编制可以收到很好的效果。

　　（4）第四个作用，有利于保证工程质量，有利于安全施工，有利于文明施工，有利于控制施工进度。在前面章节中已经谈了结合检验批划分施工区、段，两者尽可能保持一致。这样能有效地把每个施工区、段的施工进度与检验批质量验收结合起来，也就是说，检验批质量验收，就是对这个施工区、段工作（所形成的工程实体）的质量验收。于是，就

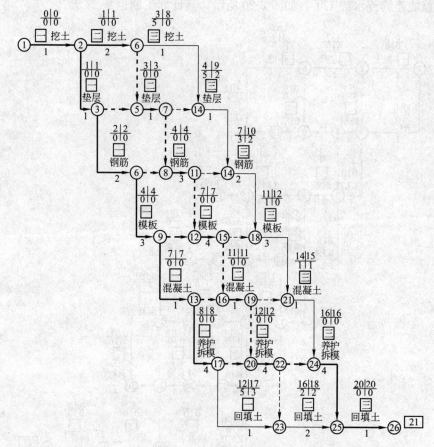

图 2-21　某室外低架空热力管道基墩施工网络进度计划

形成了这样的程序：紧前一施工区、段工作完成及检验批质量验收→紧后二施工区、段工作完成及检验批质量验收……如此把施工区、段的施工进度与检验批质量验收结合起来，对保证工程质量、保证工程进度意义重大。这是因为，检验批是工程验收的最小单位，是分项工程乃至全部工程项目的工程质量验收的基础，如图2-22所示。所以，把划分施工区、段与划分检验批保持一致，有助于及时发现、及时纠正施工中的质量问题，既有利于保证工程质量，也有利于保证工程进度。

分区、分段施工可以形成全工地的有序施工的大环境，这是贯彻《中华人民共和国安全生产法》、《中华人民共和国建筑法》、《建筑工程安全生产管理条例》，以及贯彻有关建筑工程安全技术标准、规范的正确实施所必须具备的条件。事实证明，无序施工、混乱的施工现场往往频发安全事故。

有序施工是文明施工的前提。分区、分段施工，材料、半成品等按施工区、段有序供应，可以缩短材料、半成品等在现场堆放周期，有利于各施工区、段做到"工完、料尽、场地清"。

```
┌──────────────┐
│ 工程项目质量总验收 │
└──────────────┘
        ↑
┌──────────────┐
│  单位工程质量验收  │
└──────────────┘
        ↑
┌──────────────┐
│  分部工程质量验收  │
└──────────────┘
        ↑
┌──────────────┐
│  分项工程质量验收  │
└──────────────┘
        ↑
┌──────────────┐
│  检验批质量验收   │
└──────────────┘
```

图 2-22　检验批质量
验收是全部工程质量
验收的基础示意图

三、"先地下后地上"、"先地上后地下"、"兼用"施工方法

1. 基本概念

(1) 先地下后地上,是指先施工工程项目围墙内的地下各种干管,后施工各种建筑物、构筑物。比如,先施工地下给水干管、消防水干管、雨水干管、污水干管等;后施工♯1厂房、♯2供水站、♯3气体站、♯4办公楼等。

所谓干管是指该管道系统的主管道,通常是设置在主干道两侧。它由两部分组成,一是干管的本体;二是由干管接入各单位工程小区内的第一个窨井的管道部分。该窨井称为小区内干管末端、又是支管起点,如图 2-23 所示。各种干管是在施工进度网络总计划中统一安排。

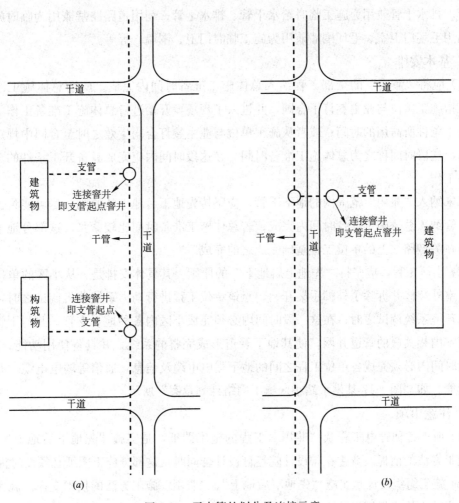

图 2-23 干支管的划分及连接示意

(2) 先地上后地下,是指先施工小区工程范围内各建筑、构筑物,后施工小区工程范围内的各种地下支管,及地下各种强弱电电缆。

所谓地下支管是指从小区连接窨井(小区支管的起点窨井)至小区内各建筑物、构筑物的这段小口径管道。也就是说，地下支管是把地下干管与各建筑物、构筑物相互连通的一种中间连接管道；它把地下各种管道形成一条完整的系统，并具备使用功能(如图 2-23 所示)。地下各种支管、各种地下强弱电电缆均在小区工程施工网络计划中统一安排，比如，"图 1-3 某供水站小区工程以系统为基本组成单元的网络图"、"图 1-15 某供水站小区工程过渡性施工网络计划"、"图 1-17 某供水站小区工程施工网络计划草案"所示。但有一点应注意，凡动力站本身输出的功能管，在小区内部均是干管，比如，供水站小区的给水管、冷冻水站小区的冷冻水管、工业气体气化站的工业气体管等。

(3) 兼用，是指在不影响工程质量、使用年限、使用功能、装修标准、观感效果及总工期前提下，并征得业主同意，将一些工程兼用为施工临时设施。比如，利用室外地下给水干管、排水干管兼用为施工临时给水干管、排水干管；利用道路路基兼用为临时施工道路；利用毛坯门卫室、毛坯围墙兼用为施工临时门卫、围墙；等等。

2. 基本安排

(1) 应将"兼用"的全部工程纳入总体施工准备时间内完成。所谓总体施工准备时间，是指施工单位与业主签订了合同，并进入了现场，开始进行总体施工准备工作之日至具备开工条件所需用的时间；或者从施工单位与业主签订合同生效之时至合同中规定的开工之日，这段时间称之为总体施工准备时间。在这段时间内应完成具备开工条件的全部施工准备工作。

凡未纳入"兼用"范围内的地下干管，应坚持先地下后地上的原则，尽可能将这部分地下干管纳入总体施工准备时间内完成；若总体施工准备时间比较紧张，这部分地下干管可安排在关键路线上的单位工程基础完成之前完成。

(2) 小区工程，应坚持"先地上后地下"的原则。其具体安排是：从小区的单位工程完成了室外装修并拆除了外脚手架开始，至该单位工程进行动力系统单机调试之时，或进行建筑环境系统调试之时；在这一段时间内必须完成小区内各种地下支管，并与干管、单位工程室内相关联的管道并网，使其地下管道形成完整的系统，并具备使用功能；同样，在这段时间内必须完成各单位工程之间的地下强电电缆及信息、通信等弱电电缆，并具备使用功能。如"图 1-17 某供水站小区施工网络计划草案"所示。

3. 注意事项

(1) 地下各种管电工程及"兼用"工程的施工图纸，是实施"先地下后地上"、"兼用"施工方法的前提。业主在与设计院签订设计合同时，这部分施工图纸必须按时提供。

(2) 施工组织设计是实施"先地下后地上"、"兼用"施工方法的技术支撑。施工单位必须将它纳入施工组织设计之中，制定切实可行、行之有效、全面详细的技术措施，确保该施工方法顺利实施。比如，施工污水应采用有组织排水，必须经过沉淀处理达到要求方能排入排水干管；制定给排水干管、干道路基使用管理制度，设专人管理，定期检查、清通、保养等；在施工干道路基时，对穿过道路的地下强电、弱电电缆必须预埋套管等等。

（3）凡"兼用"为临时设施的工程施工，必须严格按照设计图纸，必须严格按照建筑工程施工质量验收统一标准、施工规范等国家有关规定组织施工，验收、监理工作必须同步。当"兼用"工程按期完成临时设施后，必须按照施工进度网络总计划要求、按照设计图纸、按照建筑工程施工质量验收统一标准、按照施工规范等国家有关规定继续施工至竣工。但必须注意处理好前后之间的衔接。比如在施工道路路面之前，必须将路基用水冲洗干净；给水干管与支管并网之前必须进行清洗、消毒等等。

4. 主要作用

（1）基本上解决了地下工程与建筑物、构筑物交叉施工的问题，有利于组织有序、高效施工；有利于安全、文明施工；有利于保证工程质量。

（2）为建筑物、构筑物各单位工程施工创造了良好的施工环境。比如，由于先施工了地下工程，在此期间可以综合平衡土方，统一回填，全面平整场地，有利于施工物资堆放，使用便捷，工完料清。

（3）解决了施工过程中切断道路的情况，有利于提高人流、物流效率。

（4）节省建设资金。有序、高效的施工，既可降低工程直接费用，也可减少工程间接费用。"兼用"还可以节省施工临时设施费用。

1982年，在一项大型超大规模集成电路工程上采用了上述施工方法，收到了很好的效果。此后，越来越多的工程运用了上述施工方法，均收到了不错的效果。

四、"二次设计"在工程施工中的应用

所谓二次设计，是指在不改变一次设计（原设计图，以下同）的功能、效果、质量等前提下，施工单位着重从组织有序、高效、安全、文明施工出发，对一次设计作一些微调、细化，并征得一次设计单位、监理单位、业主同意的设计工作，称为二次设计。这种二次设计在工程施工中已被广泛采用。它主要用于三种情况：一是无吊顶的室内上部管电安装工程，比如，超市商场上部管电安装工程通常要作二次设计；二是有吊顶的上部各种管电安装工程及装修工程；三是新型材料的应用等。比如，彩钢板二次设计，由于彩钢板吊顶上设有很多末端器具：照明灯具、下喷淋头、风口、温湿度传感器、感温/感烟探测器等等，并呈现数量多、密度大、孔洞大等特点，为了更好地组织施工，于是采用了彩钢板吊顶、墙面二次设计，即绘制彩钢板吊顶上的末端器具综合布置图，并对吊顶上部的各种管电空间位置作相应适度调整，使之与彩钢板吊顶上面的末端器具相吻合。这样的二次设计有四个作用：一是有利于有序、高效的组织管电安装。由于通过二次设计，使彩钢板吊顶上的末端器具的位置与吊顶上部的管电末端位置既吻合又在同一垂直线上，这就简化了两者之间连接，极大地提高了安装效率。二是将建材彩钢板转化为半成品。这就是说，通过二次设计使彩钢板上的孔洞位置已经准确定位，凡是大于或等于150mm的孔洞全部在生产厂加工，这样一来，就把建材彩钢板转化为半成品，彩钢板运至现场，基本上就可以直接安装，很少再加工，这就极大地加快了彩钢板安装进度，同时也有利于确保工程质量。

三是确保了彩钢板结构安全。在二次设计中明确规定，在正常情况下，一个孔洞不得布置在两张彩钢板上面，这样就确保了彩钢板骨架不被损坏，确保了结构安全。四是使彩钢板吊顶、墙面的观感达到最佳状态。通过二次设计可以使吊顶上的末端器具排列得十分整齐，吊顶与墙面接缝一致，不错位等。

二次设计必须在相关联工作最早开始施工前 15 天出图，并征得有关方确认，还要留出足够的彩钢板生产周期，为各施工单位有序、高效施工提供技术、计划支撑，如图 2-24 所示。很多工程实例证明，凡采用二次设计的管电安装工程、装修工程，其施工效率都提高 15％～25％，还节省材料，而且有利于保证工程质量、安全文明施工。

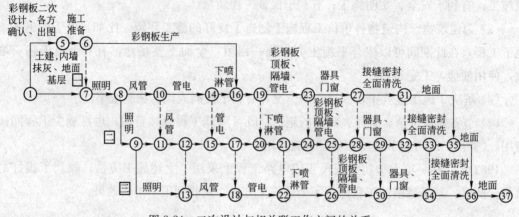

图 2-24　二次设计与相关联工作之间的关系

五、生产线系统之间的优化在工程建设中的应用

不少工业项目有两种生产线系统：一种是紧前生产线系统，实业界称之为前道工序，比如，集成电路工程项目的芯片生产线系统，纺织印染整形工程项目的纺织生产线系统，光子工程项目的预制棒生产线系统等；另一种是紧后生产线系统，实业界称之为后道工序，比如集成电路工程项目的电路封装生产线系统，纺织印染整形工程的印染整形生产线系统，光子工程项目的光纤生产线系统等；这两种生产线系统实业界统称之为全工序。凡是有上述两种生产线系统的工程项目，在建设前期应对这两种生产线系统的建设方案进行优化，这是一件重大的决策，不同的建设方案将产生不同的经济效果，这一点对业主、项目管理单位、总承包、监理单位十分重要，尤其是对交钥匙工程项目更为重要。下面用纺织印染整形工程项目为例加以说明它的必要性、重要性，如图 2-25、图 2-26 所示。

图 2-25 为某纺织印染工程项目简要施工进度网络总计划（第一方案），即纺织生产线是紧前系统，印染整形生产线是紧后系统，节点⑫是这两条生产线系统的衔接节点。这表示只有纺织生产线系统投产了，生产出纺织布，印染整形生产线系统才能进行试生产，进而生产出印染整形布。这是客观存在的关系所决定的。这种紧前系统（前道工序）与紧后系统（后道工序）连续建设全面投产的建设方案，称之为全工序一次投产方案。该方案建设总

工期为 380 天。

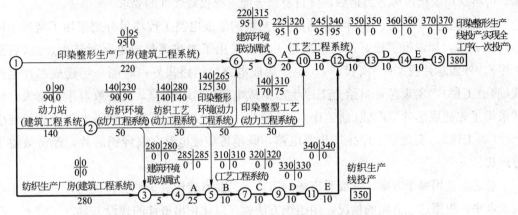

图 2-25　某纺织印染工程项目简要一级网络总计划（第一方案）

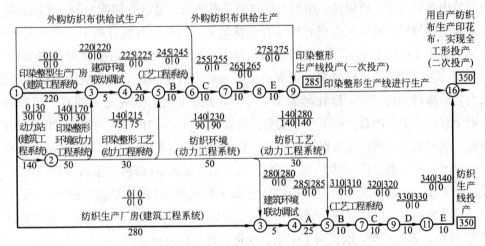

图 2-26　某纺织印染工程项目简要一级网络总计划（第二方案）

图 2-26 为某纺织印染整形工程项目简要施工进度网络总计划（第二方案）。当市场对印染布需求量很大，又有合适的纺织布可以供给，在此情况下，运用组织方法，用外购纺织布，供印染整形生产线进行试生产、生产使用，这样，印染整形生产线只要用 285 天就可以建成投产。该方案的印染整形生产线比第一方案提前 95 天建成，使印染布早日投放市场，早日占领市场。纺织生产厂房与印染整形生产厂房同时施工，在第 350 天纺织生产线建成投产，此时可用自产纺织布供印染整形生产线使用，比第一方案提前 30 天实现全工序生产。由于自产纺织布价格低，质量也更好控制、保证，因此，这样运作既可增强整体竞争能力，又可获取更大的利润空间。另外，由于印染布提前 95 天投放市场，可以用所取得的利润投入纺织生产线的建设，减少自筹资金的压力。

通过上述对比，第二方案工期短、回报快，确是好方案。第二方案最大的特点是采用"二次"投产策略，最终实现全工序生产，这就是组织方法的突出亮点。但第二方案也存在一个问题，就是在建设期间投资强度大，必须要有足够自有资金支持。若自有资金有困难，可将纺织生产厂房适当延后，使自有资金能支撑投资强度的要求。

在 20 世纪 80 年代、90 年代，有两个典型的集成电路工程项目分别采用了两种不同的建设方案，都取得了很好的经济效益。前者采用了先建成集成电路封装生产线（后道工序），外购芯片投产（一次投产），生产集成电路，销路很好；时隔一年建成芯片生产线（前道工序），实现芯片自给全工序生产集成电路（二次投产），经济效益十分喜人。后者采用了先建成芯片生产线（前工序），外销芯片，经济效益不错；时隔半年建成封装生产线（后工序），实现全工序生产集成电路，既销售集成电路，又经销芯片，经济效益十分理想。

总之，选用哪个方案，一要看市场的需要，二要看建设资金的支持能力，三要看生产技术水平。根据这三方面的情况，用组织方法就可以优化出最佳的建设方案。

本章节仅简述了五种组织方法。从广义上讲，组织方法之多是无限的，在建设过程的每个环节中都可应用，所以说，组织方法是最具有活力，最具有创造力的。实践证明，组织方法运用得越好，就可取得更好地综合经济效果，同时，也更有利于安全、文明施工。比如某二层工业厂房无吊顶顶板上的涂料与顶板上的感温/感烟探测器（简称器具）、带状吊式照明（简称照明）的吊杆时常发生成品保护和施工效率问题。若先刷涂料后安装器具、照明则会使涂料受到污染，修补起来很费时间，观感也差；若先施工器具、照明后刷涂料，则涂料施工十分困难，一不小心就会污染器具、照明吊杆，效率很低。用组织方法扬长避短，既可提高工效，又可保护好成品。具体做法是：先将顶板涂料分成两个工作，一是满打腻子、第一遍涂料（简称一底一涂），二是第二遍涂料（简称二涂）；再将器具、照明分成三个工作，一是器具、照明吊杆划线打眼及膨胀螺栓（简称划线打眼），二是安装器具，三是安装照明；而后分两个区组织涂料与器具、照明五个工作的流水、交叉施工，如图 2-27 所示。如此安排，既提高了工效，又保护好了成品质量。

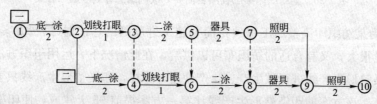

图 2-27 某二层工业厂房涂料与器具、照明施工网络计划

六、组织方法在编制群体工程施工网络总计划草案中的主要作用、主要程序

1. 主要作用

它的主要作用是编制工程项目施工网络总计划草案，确定各单位工程、各系统、各工作的最早开始时间，在必要的情况下可提前个别单位工程、系统的最迟完成时间。

2. 主要程序

（1）在系统方法、流程方法的基础上，按照安全、有序、经济、高效的原则制定组织措施；

（2）确定各单位工程、各系统、各工作的最早开始时间，必要时可提前个别单位工程、系统的最迟完成时间；

（3）编制工程项目网络图；

（4）计算时间参数，编制工程项目施工网络总计划草案。

综上所述，系统方法，流程方法、组织方法是一个有机整体，只有联合使用这三种方法才能成功的编制出工程项目施工网络总计划。

第四节 群体工程施工网络总计划的编制程序

工程项目施工网络施工总计划的编制程序，有它的自身规律，可以用图 2-28 表示。下面逐一加以说明。

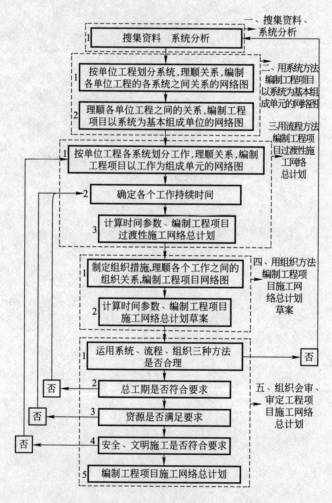

图 2-28 工程项目施工网络总计划的编制程序

一、搜集资料、系统分析

1. 搜集资料

搜集资料的目的是全面、准确地掌握编制施工网络总计划的全部资料，为编制施工网络总计划提供依据。搜集资料的内容：工程施工合同、上级主管部门有关文件；工程施工图纸及相关文件；国家定额、规范、标准等有关规定；施工企业的有关标准（施工工艺标准等）、定额、规范，以及以前曾经施工过的类似工程的总结等历史资料，还有施工企业的综合素质情况等；水文地质资料；施工场地及临时设施场地情况；交通运输条件等等。总之，凡是与编制、执行施工网络总计划有关情况和资料都在搜集资料之列。

2. 系统分析

对搜集到的资料着重进行三方面的系统分析：一是明确总工期。所谓总工期是指一个工程项目从开工到竣工所需要的时间。通常总工期应小于或等于合同工期。二是对工程项目的构成与特点进行系统分析。三是对执行计划过程中可能发生的问题做出预测，并提出对策。

二、用系统方法编制工程项目以系统为基本组成单元的网络图

1. 编制各单位工程各系统之间关系的网络图

（1）划分系统，详见第二章第一节内容；

（2）理顺各系统之间的关系，详见第二章第一节内容；

（3）编制各单位工程各系统之间的关系表，并依据此表分别编制各单位工程各系统之间关系的网络图。

2. 编制工程项目以系统为基本组成单元的网络图

（1）理顺各单位工程之间的关系，编制各单位工程之间关系表。所谓各单位工程之间的关系，是指两个单位工程中的系统之间的关系。比如，"图 2-29 某电子器件洁净厂房单位工程与工业气体气化站单位工程之间的关系"中表示了两个单位工程之间有两个关系：一是工业气体气化站的建筑环境系统①→②…→③完成后，才能进行电子器件洁净厂房建筑环境系统联动调试①→③→④，节点③是这两条系统之间的衔接节点，否则，工业气体气化站施工所产生的尘埃将会使电子器件洁净厂房的循环洁净空调系统受到二次污染；二是工业气体气化站的工业气体气化系统②→⑤完成后，才能进行电子器件生产线系统④→⑤→⑥→⑦的 B 工作，节点⑤是这两条系统之间的衔接节点，否则将会影响 B 工作的进行，并产生系统风险，影响 C、D、E 工作的进行。节点③、⑤就是这两个单位工程之间关系的衔接节点。

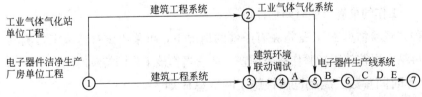

图 2-29　某电子器件洁净生产厂房单位工程与工业气体气化站单位工程之间的关系

（2）根据各单位工程之间的关系表，编制工程项目以系统为基本组成单元的网络图。

三、用流程方法编制工程项目过渡性施工网络总计划

1. 编制工程项目以工作为基本组成单元的网络图

（1）按系统划分工作，详见第二章第二节内容；

（2）理顺各工作之间的关系，详见第二章第二节。

2. 确定工作的持续时间

工作的持续时间是指一个工作从施工开始到完成全部内容所需要的作业时间。它是对网络计划进行时间参数计算的基础。工作持续时间最好是按正常的施工作业面确定，在这种情况下通常它的费用是最低的。待编出过渡性施工网络总计划，根据计算出的时间参数，结合实际情况再作必要的调整。确定工作持续时间一般使用两种方法，即"定额计算法"和"经验估算法"。

（1）定额计算法，是指首先计算出工作的工程量，然后套用相应定额，按公式（2-1）计算工作持续时间。

$$D = \frac{Q}{R \cdot S} \qquad (2-1)$$

式中，D——工作持续时间，可以用日、周等表示；

Q——工作的工程量，以实物量度单位表示；

R——人力或机械的数量，以人或台数表示；

S——产量定额，以单位时间完成的工程量表示。

使用"定额计算法"计算持续时间，宜先采用施工企业定额，施工企业中没有的内容应选用国家定额。

（2）经验估算法，是指根据过去的施工经验进行估算工作的持续时间。这种方法用于施工企业定额、国家定额都没有的施工内容，比如新材等。"经验估算法"往往采用"三时估算法"，即先估算出该工作的最短、最长、最可能的三种持续时间，然后按公式（2-2）算出其期望值 m，把它当作该工作的持续时间 D。

$$m = \frac{a + 4c + b}{6} \qquad (2-2)$$

式中，a——工作的乐观（最短）持续时间估计值；

b——工作的悲观（最长）持续时间估计值；

c——工作的最有可能时间估计值。

另一种"经验估算法"，是指在有条件的情况下，可采用试验性施工实测其工作的持续时间，再结合以往施工经验作适当调整，把它当作该工作的持续时间。

3. 计算时间参数，编制过渡性施工网络总计划

时间参数一般包括工作的最早和最迟开始时间，最早和最迟完成时间，总工期，总时差，自由时差等。本书网络图中没有标明工作的最早和最迟完成时间，有两点原因：一是它的最早和最迟完成时间是它的最早和最迟开始时间与持续时间之和，很容易就可以得

出；二是因为网络图上面的空间很有限，所以把它省去。

计算时间参数十分重要，一是可以寻找出关键路线，并在图上标明，以利分析与应用；二是可以计算出的总工期是否符合要求，如果超出，就必须调整关键路线上工作的持续时间，使总工期符合要求；三是为运用组织方法制定组织措施，合理利用总时差（即总时差第一次分配），编制施工进度网络总计划草案提供依据。下面仅介绍双代号网络计划的四个时间参数计算方法：

(1) 工作的最早开始时间，用 ES 表示。它的计算应从起点开始，顺箭线方向逐个计算，直到终点节点为止。必须先计算紧前工作，然后才能计算本工作，整个计算是一个加法过程。凡与起点节点相联系的工作，都是首先开始进行的工作，所以，它们的最早开始时间是零。所有其他工作的最早开始时间的计算方法是：将其所有紧前工作的最早开始时间分别与该工作的持续时间相加，然后再从这些相加的和数中选取一个最大的数，这就是本工作的最早开始时间。

$$ES_{i-j} = \max\{ES_{h-i} + D_{h-i}\} \tag{2-3}$$

式中，ES_{i-j}——本工作的最早开始时间；

$\qquad ES_{h-i}$——紧前工作的最早开始时间；

$\qquad D_{h-i}$——紧前工作的持续时间；

$\qquad \max$——表示从大括号的各和数中取最大值。

(2) 工作的最迟开始时间，用 LS 表示。计算工作的最迟开始时间应从终点节点逆箭线方向向起点节点逐个进行计算。必须先计算紧后工作，然后才能计算本工作。整个计算是一个减法过程。总工期是与终点节点相连的各最后工作的最迟完成时间从中取最大值，即关键线路上与终点节点相连的最后一个工作的最迟完成时间。最后工作的最迟开始时间等于其总工期减本身的持续时间。所有其他工作的最迟开始时间的计算方法是：将紧后工作最迟开始时间的最小值减去本工作的持续时间，所取得的差数就是本工作的最迟开始时间。

$$LS_{i-j} = \min LS_{j-k} - D_{i-j} \tag{2-4}$$

式中，LS_{i-j}——本工作的最迟开始时间；

$\qquad LS_{j-k}$——紧后工作的最迟开始时间；

$\qquad D_{i-j}$——本工作的持续时间；

$\qquad \min$——从 LS_{j-k} 各值中取最小值。

(3) 工作的总时差，也称工作的极限机动时间，用 TF 表示。计算方法是：将本工作的最迟开始时间减去最早开始时间，所取得的差数就是该工作的总时差。但必须要注意的是，在利用该工作的机动时间时必须以不影响总工期为前提。也就是说，总时差是总时差线路上所有工作共同拥有的机动时间的极限值，若超过这个极限值，总工期将会受到影响，详见第三章第六节内容。

$$TF_{i-j} = LS_{i-j} - ES_{i-j} \tag{2-5}$$

式中，　TF_{i-j}——本工作的总时差。

（4）工作的自由时差，是指一个工作在不影响紧后工作最早开始时间的条件下可以使用的机动时间，用 FF 表示。其计算方法分以下两种情况。

第一种情况，本工作有一个以上（含一个）紧后工作，其本工作自由时差等于紧后工作最早开始时间减本工作最早完成时间所取得的差数的最小值，即

$$FF_{i-j}=\min\{ES_{j-k}-EF_{i-j}\}$$
$$=\min\{ES_{j-k}-ES_{i-j}-D_{i-j}\} \tag{2-6}$$

式中，　FF_{i-j}——本工作的自由时差；

ES_{j-k}——紧后工作的最早开始时间；

EF_{i-j}——本工作的最早完成时间；

$\min$——表示从大括号各差数中取最小值。

第二种情况，凡与终点节点ⓝ相联系的最后各工作的自由时差等于总工期减最后工作最早完成时间，所取得的差数就是该工作的自由时差，即

$$FF_{i-n}=T_p-EF_{i-n}$$
$$=T_p-ES_{i-n}-D_{i-n} \tag{2-7}$$

式中，FF_{i-n}——与终点节点ⓝ相联系的最后工作的自由时差；

T_p——工程项目施工进度网络总计划的总工期；

EF_{i-n}——与终点节点ⓝ相联系的最后工作的最早完成时间；

ES_{i-n}——与终点节点ⓝ相联系的最后工作的最早开始时间；

D_{i-n}——与终点节点ⓝ相联系的最后工作的持续时间。

4. 编制工程项目过渡性施工网络总计划

首先在"工程项目以工作为基本组成单元的网络图"上确定各工作持续时间，而后计算时间参数，最后求出关键路线等，这样就形成了工程项目过渡性施工网络总计划。

四、用组织方法编制工程项目施工网络总计划草案

1. 制定组织措施，理顺各个工作之间的组织关系，编制工程项目网络图

在"工程项目以工作为基本组成单元的网络图"及"过渡性网络总计划"的基础上，按照安全、有序、经济、高效原则制定组织措施，恰到好处的利用总时差，编制相关联工作之间的组织关系表，据此编制工程项目网络图。

2. 计算时间参数，编制工程项目施工网络总计划草案

因为运用组织方法所编制的工程项目网络图，并未改变用系统方法、流程方法所确定的各单位工程、各系统、各工作之间的关系，也未改变各个工作持续时间，所以，只需要在工程项目网络图上注明各个工作持续时间，就可据此计算时间参数，求出关键路线，这样就形成了工程项目施工网络总计划草案。

五、组织会审，审定工程项目施工网络总计划

通常是由总承包方总工程师组织这项工作，总承包方的有关主要职能部门参加。比如计划管理、施工技术、质量管理、人力资源、物资管理、经营管理、安全及文明施工管理等部门，还有主要分包方也应参加。组织会审一般有两种方式：一是分散审查与集中审查相结合，即先将施工网络总计划及编制说明分发给参加会审的各部门、各分包，由各方先行审查，然后把大家集中起来会审，最后由负责编制计划的部门根据会审结论对施工网络总计划草案进行调整，并编制正式施工网络总计划，提交各方会签，报总工程师批准下发实施；二是采取分散审查，由负责编制计划的部门分别与各方交换意见，据此对计划进行调整，编制正式施工网络总计划，提交各方会签后报总工程师批准下发实施。当然，还有其他方式，视工程的具体情况而定。在审查内容上主要有如下四方面：

1. 划分的系统、工作及之间的关系是否正确

首先根据设计图纸、企业的"施工工艺标准"、其他规定，以及国家有关标准、规定，对所划分的系统、工作及之间关系，对施工工艺、施工方案进行审查，因为这是编制施工网络总计划的基础。在审查中要坚持先进性、客观性、高效性。所谓先进性，是指采用持续改进、持续提高的施工工艺、施工方案；尽可能采用成熟的新工艺、新技术、新机具。所谓客观性，是指所确定的各系统之间的关系、所确定的各个工作工艺流程是客观存在的先后顺序。所谓高效性，是指在完成合同内容(工程范围、工程质量、安全文明、竣工日期等)的前提下，所花费的资源(人力、物资、资金、时间等)越少，其高效性越高。

2. 总工期是否符合要求

总工期是一级总计划中最重要的指标之一，也是必须要达到的预期目标。因此在审查总工期是否符合要求时，应从审查施工总计划中的各个工作的持续时间是否合理着手，然后计算时间参数，查看总工期是否超过规定的要求。如若超过，就要采取相应措施调整关键路线上的工作持续时间，使总工期达到要求。

3. 资源是否满足要求

资源主要是指人力、物资、资金等。它是保证施工网络总计划顺利进行的必要条件。

在对物资供应情况进行审查时，主要考虑四个方面的情况：一是市场上的大宗物资，重点审查在施工高峰期间，尤其是与社会上工程高峰期相重合时市场上物资能否保证施工需要；二是生产周期较长的物资，比如某些设备的生产周期很长，能否按时供货，保证设备按时安装；三是特殊物资，比如玻璃幕墙的异形玻璃，这是不能批量生产的，因此常被生产厂家疏忽，又比如正常情况下很少生产的大规格型钢，市场周转库存也很少，甚至没有，需要以销定产，由于产量少，其价格不菲，在生产时间上需要格外妥善安排；四是紧俏物资，主要指供不应求的物资，且时有断货的情况发生，在审查中若发现确需调整施工网络总计划时，可在总时差范围内作适当调整，若超出总时差就会影响总工期，在这种情况下，就必须与物资供应方协商，确保按时到货。

为了保证工程项目施工进度顺利进行，各职能部门、各分包方应依据施工网络总计划分别编制资源供应计划及保证供货的具体措施，确保人力、物资、资金等满足施工进度的需要。

4. 是否满足安全、文明施工的需要

安全、文明施工是完成施工网络总计的前提。重点审查两个方面的情况：一是施工方案、各个工作之间的先后顺序等是否符合《建筑工程安全生产管理条例》、《建筑工程施工安全技术操作规程》，以及国家及行业有关强制性标准、规范、规程；是否符合国家、行业及本企业的有关文明施工的要求。若有不符合之处，应从"工程项目以工作为基本组成单元的网络图"开始调整，然后按图 2-28 程序进行，直至满足安全、文明施工有关规定。二是凡涉及新工艺、新设备、新技术、新材料等工作内容的，必须由施工方总工程师负责组织制定相应的安全技术操作规程、文明施工规定，并组织施工人员学习，确保安全、文明施工。

负责施工的部门应根据"工程项目施工网络总计划"，制定切实可行、行之有效的安全、文明施工方案及具体措施，确保总计划顺利实施。

第三章 案例——编制某集成电路工程项目施工网络总计划

第一节　搜集资料、系统分析

搜集资料的内容详见第二章第四节内容，对搜集到的资料着重进行三方面系统分析。

一、明确总工期

根据工程施工合同，该工程系交钥匙工程。从开工到投产总工期 420 天。其中建筑工程系统的芯片生产部分(前道工序)从开工之日起第 320 天，封装生产线部分(后道工序)从开工之日起第 350 天分别交付工艺设备安装；芯片生产线从开工之日起第 390 天形成生产能力，封装生产线从开工之日起第 420 天形成生产能力，同日，该工程实现全面投产，即全工序投产。其产品质量、性能、生产能力等全部达到工程合同中的要求。

二、工程构成与特点

1. 工程构成

该工程系由＃1 综合厂房(单层 14000m²)，＃2 供水站(＃2A 供水泵房、单层、300m²，＃2B 钢筋混凝土蓄水池、封闭式、刚性防水、700m³)，＃3 工业气体气化站(＃3A 工业气体气化设备基础、＃3B 工业气体监控中心及配电间 150m²、＃3C 工业气体气化站场地 3000m²)，＃4 办公楼(＃4A 办公主楼、二层、1200m²，＃4B 连接＃1 综合厂与＃4A 办公楼之间的封闭走廊)，室外建筑环境工程(＃5 南门卫及大门 21m²、＃6 北门卫及大门 32m²、＃7 自行车棚 100m²、＃8 停车场 450m²、道路、绿化等)，室外地下地上 21 种管电安装工程等六个单位工程所组成，如"图 3-1 厂区总平面布置"所示。上述所有建筑物均为现浇框架结构。另＃9 地下废水集水池 18m³，系收集＃1 综合厂房废气洗涤站排出的有害废水。

2. 工程特点

该工程有七个特点：一是＃1 综合厂房系集芯片生产线、封装生产线、11 个动力站于一体，它是该工程项目的核心工程，是最重要的单位工程。二是＃1 综合厂房的芯片生产线、封装生产线的工艺设备安装及运行对室内外建筑环境(生产环境)要求很高，比如芯片生产线空气洁净度要求达到 3 级，封装生产线空气洁净度要求达到 6 级，还要求恒温、恒湿、防静电、防微振、低噪声等。三是工业气体种类多，且纯度高，比如，工业气体有氢气 H_2、氧气 O_2、氮气 N_2、氩气 Ar、氦气 He 等，其中有的气体纯度要求达到 99.99％，上述工业气体的备制是由专业公司负责投资建设工业气体气化站，并负责管理运行，供给生产线使用。四是废气洗涤站产生的有害废水排入废水池，由专业公司定期收集外运处

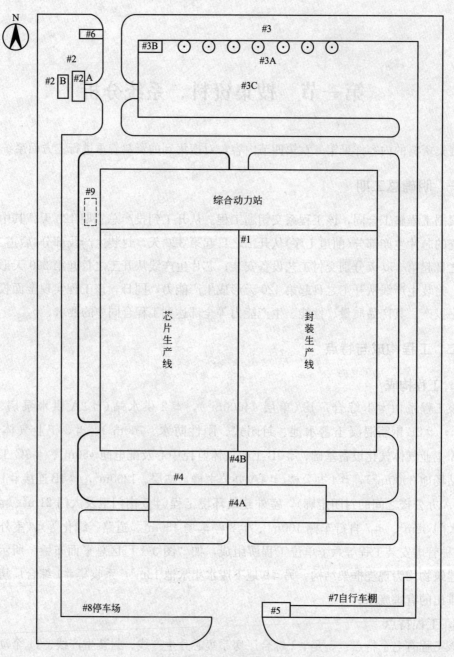

图 3-1　厂区总平面布置

理。五是#1综合厂房的芯片、封装生产线，是密闭的洁净建筑，为确保正常生产和工作，设置了4套自动控制系统，即DDC空调自控系统、气体监测报警系统、火灾报警联动系统、保安系统，这四条系统之间相互联网。六是#1综合厂房系现浇框架结构，动力区与生产区用抗震缝分开，分别成为独立结构单元；生产区由于工艺要求不设缝，屋面混凝土结构采用预留施工后浇带，屋面保温层采用加强保温隔热措施来减少温度传导和收缩应力。七是市政设施给水、排水、通信均已敷设到建设场地，可供给工程使用，但市政设施中的蒸汽管、高压电缆尚未到位，其工程量较大。

三、对总计划执行中可能发生的问题做出预测，并提出对策

根据该工程的特点，在施工中有可能产生五个问题：

（1）♯1综合厂房系集生产、动力于一体的综合厂房，工程量很大，各种系统、各个工作之间的关系复杂，技术要求高，在施工过程中略有不慎就会发生施工混乱、返工，延误工期。为了将失去的时间赶回来，就盲目抢工，结果又陷入新的施工混乱，造成严重损失。过去已有不少工程发生这种情况。对策：首先运用"三种方法"理顺错综复杂的各系统、各工作之间的关系，编制科学的、先进的、实用的施工进度网络总计划，为有序施工奠定基础；其二，在施工过程中坚持动态跟踪等行之有效的控制施工进度措施，确保施工进度在施工网络总计划的轨道上运行。

（2）施工过程中产生的尘埃量有可能得不到有效控制，造成循环洁净空调系统二次污染，减少高效过滤器的使用年限，甚至会影响洁净室空气洁净度的达标。对策：首先，在施工网络总计划安排上，应将凡是产生尘埃的所有的工程施工必须在芯片、封装生产线的建筑环境联动调试之前完成，从源头上消除尘埃，同时完成厂区绿化，形成绿色室外环境，确保新风质量；其二，在施工全过程中必须严格遵守施工工艺标准、施工验收规范及相关规定，确保洁净空调系统、装修等工程的半成品、成品的洁净。

（3）工业气体气化站是由专业公司(简称出资方)出资负责建设，并负责管理运行，因此，在建设过程中有可能会发生各自为政，影响工程项目施工进度协调有序进行。对策：将该气化站的施工进度纳入施工网络总计划中统筹安排，统一组织施工，统一检查，统一验收，确保该气化站按照总计划的要求准时或提前建成。

（4）现场临时设施场地很紧张。对此，在不影响生产线建筑环境联动调试，不影响按时向生产线提供工业气体的情况下，可将♯3工业气体气化站场地暂时用于施工临时设施场地，并纳入施工网络总计划中统筹安排。

（5）由于市政蒸汽管、高压电缆工程量较大，沿途还有不少障碍物，其施工进度有可能满足不了该工程项目施工网络总计划的要求。对策：首先在施工网络总计划中明确市政提供蒸汽、高压电的具体时间；其二，在双方合同中明确提供蒸汽、高压电的具体时间；其三，业主必须加强与市政责任单位的联系，互通情况，确保准时提供蒸汽、高压电。

第二节 用系统方法编制工程项目以系统为基本组成单元的网络图

一、编制各单位工程各系统之间关系的网络图

1. 编制♯1综合厂房各系统之间关系的网络图

（1）划分系统。根据"图 3-2♯1综合厂房使用功能分布"及相关设计图纸，可划分为芯片系统、封装系统、变配电系统、冷冻水系统、软化水、纯水系统、常温冷却水系统、空调热交换系统、DDC 空调自控系统、空调系统、废气洗涤系统、工艺冷却水系统、压缩空气系统、芯片生产线建筑环境系统、封装生产线建筑环境系统、综合动力站建筑环境系统等系统。

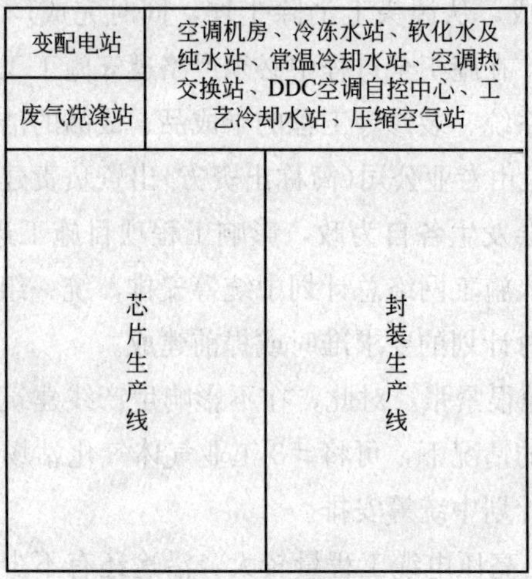

变配电站	空调机房、冷冻水站、软化水及纯水站、常温冷却水站、空调热交换站、DDC空调自控中心、工艺冷却水站、压缩空气站
废气洗涤站	
芯片生产线	封装生产线

图 3-2 ♯1综合厂房使用功能分布

（2）理顺 16 条系统之间的关系

这 16 条系统之间客观存在的关系，如"表 3-1♯1综合厂房 16 条系统之间的关系"所示。为了便于讨论，在表 3-1 中设置了系统代号及紧前系统与本系统之间的衔接节点，其后面的表 3-2、表 3-3、表 3-4、表 3-5 均按此设置。

♯1综合厂房 16 条系统之间的关系 表 3-1

序号	紧前系统	本系统	衔接节点
1	芯片系统⑫⑨→⑬②→⑬⑩	封装系统⑬③→⑬④→⑬⑧→⑭①	⑬⑧
2	芯片系统的建筑环境系统①→⑭→⑫⑩→⑫⑨	芯片系统⑫⑨→⑬②→⑬⑩	⑫⑨
3	封装系统的建筑环境系统①→⑭→⑬⑩→⑬③	封装系统⑬③→⑬④→⑬⑧→⑭①	⑬③

70

序号	紧前系统	本系统	衔接节点
4	空调系统㉔→⑨⑥→⑫⓪	芯片系统的建筑环境系统联动调试①→⑭→⑫⓪→⑫⑨	⑫⓪
5	冷冻水系统㉔→⑧⑧→⑨⑥ 热交换系统㉔→⑧⑨→⑨⑥ DDC空调自控系统㉔→⑨⓪→⑨⑥	空调系统㉔→⑨⑥→⑫⓪	⑨⑥
6	软化水系统㉔→⑦⑨→⑧⑦…→⑧⑧ 常温冷却水系统㉔→⑧⓪→⑧⑧	冷冻水系统㉔→⑧⑧→⑨⑥	⑧⑧
7	变配电系统㉔→⑤⑨→⑦⑨	软化水系统㉔→⑦⑨→⑧⑦…→⑧⑧ 纯水系统㉔→⑦⑨→⑧⑦→⑪⓪→⑬②	⑦⑨
8	工艺冷却水系统㉔→⑪⓪→⑬② 压缩空气系统㉔→⑪⑪→⑬② 废水洗涤系统㉔→⑬②	芯片系统⑫⑨→⑬②→⑬⑤→⑬⑧	⑬②
9	纯水系统㉔→⑦⑨→⑧⑦→⑪⓪→⑬②	工艺冷却水系统㉔→⑪⓪→⑬②	⑪⓪
10	11条动力系统的建筑环境系统①→⑭→㉔	变配电系统㉔→⑤⑨→⑦⑨、废水洗涤系统㉔→⑬②、空调系统㉔→⑨⑥→⑫⓪、冷冻水系统㉔→⑧⑧→⑨⑥、软化水系统㉔→⑦⑨→⑧⑦…→⑧⑧、纯水系统㉔→⑦⑨→⑧⑦→⑪⓪→⑬②、常温冷却水系统㉔→⑧⓪→⑧⑧、热交换系统㉔→⑧⑨→⑨⑥、DDC空调自控系统㉔→⑨⓪→⑨⑥、工艺冷却水系统㉔→⑪⓪→⑬②、压缩空气系统㉔→⑪⑪→⑬②	㉔

（3）编制16条系统之间关系的网络图。如图3-3所示。

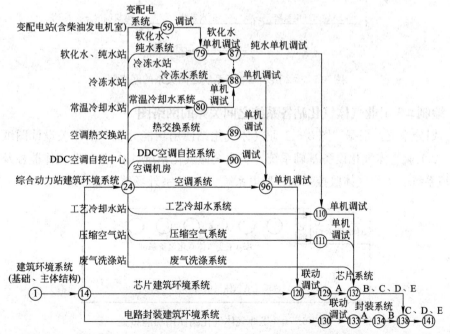

图 3-3　#1综合厂房16条系统之间关系的网络图

2. 编制＃2 供水站各系统之间关系的网络图

（1）划分系统。根据“图 3-4 ＃2 供水站使用功能分布”及相关设计图纸，可划分为＃2A 建筑环境系统、供水系统、配电系统、＃2B 蓄水池系统等系统。

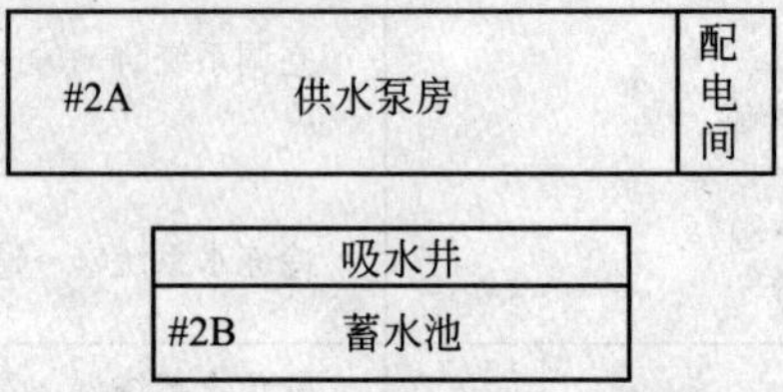

图 3-4 ＃2 供水站使用功能分布

（2）理顺 4 条系统之间的关系，如表 3-2 所示。

＃2 供水站四条系统之间的关系 表 3-2

序号	紧前系统	本系统	衔接节点
1	＃2A 建筑环境系统①→(54)	供水系统(54)→(77)→(79)、配电系统(54)→(72)→(77)	(54)
2	配电系统(54)→(72)→(77) ＃2B 蓄水池系统①→(77)	供水系统(54)→(77)→(79)	(77)

（3）编制 4 条系统之间关系的网络图，如图 3-5 所示。

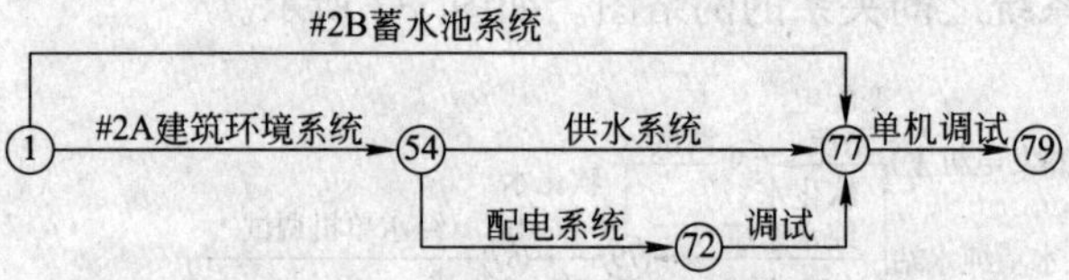

图 3-5 ＃2 供水站 4 条系统之间关系的网络图

3. 编制＃3 工业气体气化站各系统之间关系的网络图

（1）划分系统。根据“图 3-6 工业气体气化站使用功能分布”及相关设计图纸，可划分为＃3A 工业气体气化设备基础系统、工业气体气化系统、＃3B 工业气体监控及配电的建筑环境系统、工业气体监控系统、配电系统、＃3C 室外场地系统等系统。

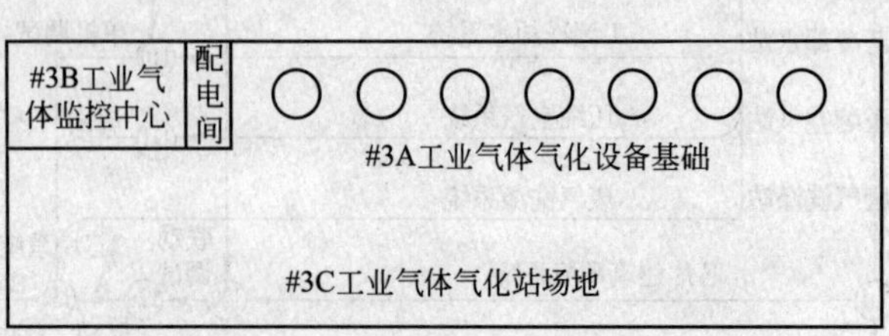

图 3-6 ＃3 工业气体气化站使用功能布置

（2）理顺 6 条系统之间的关系。考虑到现场临时场地很紧张这一现状，结合对策方案（详见第三章第一节），6 条系统之间的关系如表 3-3 所示。

#3 工业气体气化站 6 条系统之间的关系   表 3-3

序号	紧前系统	本系统	衔接节点
1	#3A 工业气体气化设备基础系统①→㉚	#3C 工业气体气化站场地系统场地基层㉚→⑥⑨	㉚
2	#3C 工业气体气化站场地系统场地基层㉚→⑥⑨	#3B 建筑环境系统①→⑥⑨→⑨③→⑩⑩	⑥⑨
3	#3B 建筑环境系统①→⑥⑨→⑨③→⑩⑩	#3C 工业气体气化站场地系统面层⑨③→⑩③	⑨③
4	#3B 建筑环境系统①→⑥⑨→⑨③→⑩⑩	工业气体监控系统、配电系统⑩⑩→⑩⑨	⑩⑩
5	工业气体监控系统、配电系统⑩⑩→⑩⑨	工业气体气化系统⑩③→⑩⑨→⑬②	⑩⑨
6	#3C 工业气体气化站场地系统面层⑨③→⑩③	工业气体气化系统⑩③→⑩⑨→⑬②	⑩③

（3）编制 6 条系统之间关系的网络图

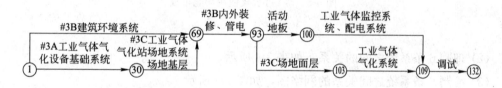

图 3-7 #3 工业气体气化站 6 条系统之间关系的网络图

经与出资方研究，出资方完全同意关于#3 工业气体气化站的建设方案。同时出资方提出工业气体气化站的设备安装安排在从工程项目开工之日起第 305 天开始，原因有三点：一是能确保在第 350 天向芯片生产线提供质量合格，数量满足要求的工业气体；二是投资最省；三是有利于成品保护。最后，形成纪要，作为出资方与业主所签订的合同附件。

4. 编制#4 办公楼各系统之间关系的网络图

（1）划分系统。根据"图 3-8 #4 办公楼使用功能布置"（未注明部分均为办公用房及辅助用房），及相关设计图纸，可划分为建筑环境系统、办公设施系统（电脑、复印机、传真机、投影仪、扫描仪、桌椅柜等）、空调系统、配电系统、计算机监控和管理系统（火灾报警联动系统、工业气体监测报警系统、保安系统、办公自动化系统等，以下统称计算机中心）、电话系统等系统。其中计算机中心和电话站合并用房。计算机中心还与#1 综合厂房空调 DDC 自控中心、#3 工业气体气化站工业气体监控中心相互联网。

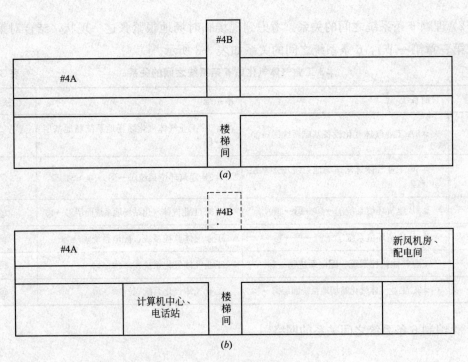

图 3-8 ♯4 办公楼使用功能布置

(a) 一层；(b) 二层

（2）理顺 6 条系统之间的关系，如表 3-4 所示。

（3）绘制 6 条系统之间关系的网络图，如图 3-9 所示。

♯4 办公楼 6 条系统之间的关系   表 3-4

序号	紧前系统	本系统	衔接节点
1	♯4 建筑环境系统①→㉛→⑭→⑩⑦	办公设施系统⑩⑦→⑬②	⑩⑦
2	新风系统㊌→㊟→⑭ 计算机中心、电话系统㊏→⑭	♯4 建筑环境系统联动调试①→㉛→ ⑭→⑩⑦	⑭
3	计算机中心、电话站建筑环境系统①→ ㉛→⑦⓪→㊏	计算机中心、电话系统㊏→⑭	㊏
4	新风机房、配电间建筑环境系统①→ ㉛→⑦⓪→㊌	新风系统㊌→㊟→⑭ 配电系统㊌→㊞…→㊟	㊌
5	配电系统㊌→㊞…→㊟	新风系统单机调试㊌→㊞→⑭	㊞

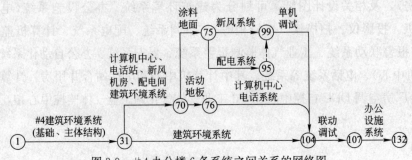

图 3-9 ♯4 办公楼 6 条系统之间关系的网络图

74

5. 室外管电安装单位工程

(1) 划分系统。根据设计图纸，划分为10条系统：市政高压电缆系统（入厂区高压电缆→＃1综合厂房变配电站）、市政蒸汽管系统（入厂区蒸汽管→＃1综合厂房蒸汽入口室）、工业气体管道系统（架空，＃3工业气体气化站→＃1综合厂房工业气体入口室）、给水管系统、消防水管系统、雨水管系统、污水管系统、有害废水管系统（＃1综合厂房废水洗涤站→＃9地下废水集水池）、低压电缆系统（＃1综合厂房→＃2供水站配电间，＃2供水站配电间→＃3工业气体气化站配电间、＃6门卫室，＃4办公楼配电间→＃5门卫室等）、监控电缆系统。其中，有害废水管系统工程量很小，废水管接入＃9废水池只有2米长，所以，该系统不纳入施工进度总计划之中，而是安排在＃1综合厂房小区施工网络计划中统一安排；低压电缆系统、监控弱电电缆系统亦安排在各小区施工网络计划中统一安排。所以，室外管电安装单位工程只有7条系统在施工进度总计划中统一安排。

(2) 理顺7条系统之间的关系。通常，上述这7条系统之间没有客观存在的关系；但它们之间却存在组织关系，比如，"先深后浅"、"先大后小"、"先管道后电缆"等，这些关系不是一成不变的，而是根据不同的具体情况，运用组织方法统筹安排。这7条系统与相关联的单位工程有客观存在的关系，如图3-10所示：室外架空工业气体管系统①→(132)是＃1综合厂房单位工程的芯片生产系统(129)→(132)→(138)的紧前系统，节点(132)是这两条系统的衔接节点；市政高压电缆系统①→(59)是＃1综合厂房单位工程的变配电系统㉔→(59)→(72)的紧前系统，节点(59)是这两条系统的衔接节点；市政蒸汽管系统①→(89)是＃1综合厂房单位工程的热交换系统㉔→(89)→(96)的紧前系统，节点(89)是这两条系统衔接节点。室外给水管、消防水管、雨水管、污水管等四条系统，与所有建筑物及构筑物单位工程都有着客观存在的关系，但只表示与最早建成的单位工程之间的关系，即室外给水管、消防水管、雨水管、污水管等四条系统①→(77)是＃2A供水泵房单位工程的供水系统(54)→(77)→(79)的紧前系统，节点(77)是它们之间的衔接节点。

6. 室外建筑环境单位工程

该室外建筑环境单位工程是由门卫室及大门、围墙、车棚、道路、绿化、路灯等部分所组成，本计划将这六部分作为一条系统来安排。其中路灯本应属于室外管电安装单位工程的范围，为了便于组织施工，所以将它安排在室外建筑环境单位之中。

二、理顺各单位工程之间的关系

该工程项目的6个单位工程之间的关系如表3-5所示。

某集成电路工程项目6个单位工程之间的关系 **表3-5**

序号	紧前系统	本系统	衔接节点
1	市政入厂区高压电缆系统①→(59)	＃1综合厂房变配电系统㉔→(59)→(72)	(59)
2	＃1综合厂房变配电系统㉔→(59)→(72)	＃2供水站配电系统(54)→(72)→(77)	(72)
3	室外管电安装单位工程的给水、消防水、雨水、污水等4条系统①→(77)	＃2供水站供水系统(54)→(77)→(79)	(77)

序号	紧前系统	本系统	衔接节点
4	#2供水站供水系统 54→77→79	#1综合厂房软化水、纯水系统 24→79→87→110	79
5	市政入厂区蒸汽管系统 1→89	#1综合厂房热交换系统 24→89→96	89
6	#4办公楼建筑环境系统 1→31→104→120 室外建筑环境系统 1→120 #3C工业气化站场地系统场地面层 93→103…→120	#1综合厂房芯片建筑环境系统联动调试 1→14→120→129	120
7	#3工业气体气化站的工业气体气化系统 103→109→132 室外管电安装单位工程的架空工业气体管系统 1→132	#1综合厂房芯片生产线系统 129→132→138	132

三、编制某集成电路工程项目以系统为基本组成单元的网络图

根据表 3-5 及 #1、#2、#3、#4 单位工程各系统之间关系的网络图（图 3-3、图 3-5、图 3-7、图 3-9），编制某集成电路工程项目以系统为基本组成单元的网络图，如图 3-10 所示。

四、"图 3-10 某集成电路工程项目以系统为基本组成单元的网络图"的特点

运用系统方法理顺各系统之间关系而形成的网络图的基本组成单元是一条系统。其绘制方法与绘制双代号网络图是完全一样的，但是，为了准确地表达各系统之间的关系，从而表现出如下 5 个特点。下面用图 3-10 中的内容为例加以说明。

1. 用一段式或多段式来表达一条完整的系统

所谓一段式，是指一条系统是用一根箭线和两个节点来表示，每个节点都编以号码，箭线前后两个节点的号码即代表该箭线所表示的系统，这与用双代号表示一个工作是完全一样的。比如 #2A 供水泵房建筑环境系统 1→54，市政高压电缆系统 1→59，市政蒸汽管系统 1→89，室外架空工业气体管系统 1→132 等都是用一段式来表示的。

所谓多段式，是指一条系统是用两个以上的工作（含两个工作）来表示的。比如 #1 综合厂房的综合动力站建筑环境系统 1→14→24，是用两段式表示的，这是因为它与芯片、封装两条建筑环境系统都共用基础、主体结构 1→14 这一个工作；芯片建筑环境系统 1→14→120→129 是用 3 段式表示的，有两个原因：第一个原因同上，第二个原因它是空调系统 24→96→120、室外建筑环境系统 1→120、#4 办公楼建筑环境系统 1→31→104…→120、#3C 工业气体气化站的室外场地系统 30→69、93→103…→120 等 4 条系统的紧后系统，它们之间的衔接节点 120，所以，这是准确表达它与这 4 条系统之间关系的需要而采用的三段式表示的。总之，分段的多少，要根据准确地表达系统与系统之间的关系而确定。

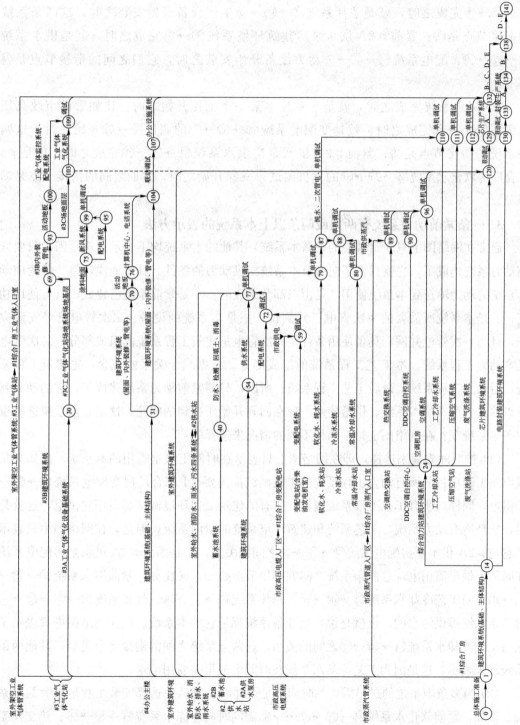

图 3-10 某集成电路工程项目以系统为基本组成单元的网络图

77

2. 紧前系统与本系统之间的关系有两种表示方式

（1）紧前系统完成之时，就是本系统开始之时。比如紧前芯片建筑环境系统①→⑭→⑫⓪→⑫⑨完成之时，就是芯片系统⑫⑨→⑬②→⑬⑧生产设备开始安装之时，这两条系统的衔接节点是⑫⑨；紧前♯2A供水泵房建筑环境系统①→⑭完成之时，就是供水系统⑭→⑦⑦→⑦⑨、配电系统⑭→⑦②→⑦⑦动力设备开始安装之时，它们之间的衔接节点是⑭等等。

（2）紧前系统完成之时，就是本系统中某一个工作开始之时。比如紧前市政高压电缆系统①→⑤⑨完成之时，就是变配电系统㉔→⑤⑨→⑦②的调试⑤⑨→⑦②开始之时，这两条系统的衔接节点是⑤⑨；紧前♯2A供水泵房供水系统⑭→⑦⑦→⑦⑨完成之时，就是♯1综合厂房软化水系统㉔→⑦⑨→⑧⑦的单机调试⑦⑨→⑧⑦开始之时，它们之间的衔接节点是⑦⑨等等。

3. 一条紧前动力系统有两条或两条以上本系统的表示方法

通常在网络图上只表示其中的一条本系统，其他的本系统均不表示。这是因为只要紧前动力系统建成了，它就具备了向所有本系统提供动力的条件。具体地说，将一条紧前动力系统的动力输送到本系统使用，是由三部分组成的：一是紧前系统已建成，具备使用功能；二是本系统所需要的一次管电已经到位；三是本系统的设备、二次管电已经安装完毕，且与一次管电并网，具备使用条件。一次管电是建筑工程系统的组成部分，二次管电是本动力工程系统、本工艺工程系统的组成部分。根据六个关系的理念：先建筑工程系统，后动力工程系统，最后工艺工程系统；所以，只要紧前动力系统建成了，它的动力就可以输送到所有的本系统，供给使用。现在回到开始所提到的问题，这条紧前系统选择哪一条本系统呢？在网络图上是按两种不同的情况来选择的：

（1）按时间先后来选择，即在网络图上只表示在时间上最早需用的本系统。比如某集成电路工程项目的所有动力工程系统的单机调试都需要♯1综合厂房变配电系统㉔→⑤⑨→⑦②供电，同样，所有工艺工程系统调试，所有的建筑工程环境调试都需用它供电，这就是说，它是所有动力系统，工艺系统和建筑环境系统的紧前系统，但是，在网络图中只表示了它与♯2A供水泵房配电系统⑭→⑦②→⑦⑦之间的关系，这是因为♯2A供水泵房配电系统在时间上最早需用电，这两条系统之间的衔接节点是⑦②。又比如，紧前纯水系统㉔→⑦⑨→⑧⑦→⑩⑩是向工艺冷却水系统㉔→⑩⑩→⑬②、芯片系统⑫⑨→⑬②→⑬⑧、封装系统⑬③→⑬④→⑬⑧→⑭⑩等3条系统提供纯水的，也就是说，这3条系统都是它的本系统，但在网络图中只表示了它与工艺冷却水系统㉔→⑩⑩→⑬②之间的关系，这两条系统之间的衔接节点是⑩⑩，其他两条系统均未表示，这是因为工艺冷却水系统在时间上最早需要用纯水。

（2）当多条本系统的最早需用的时间都是一样时，则从中选择安装工程量最大的本系统。比如，紧前软化水系统㉔→⑦⑨→⑧⑦…→⑧⑧需同时向冷冻水系统㉔→⑧⑧→⑨⑥、热交换系统㉔→⑧⑨→⑨⑥等两条本系统提供软化水，但在网络图中只表达了紧前软水系统与冷冻水系统之间的关系，这两条系统之间的衔接节点是⑧⑧，这是因为冷冻水系统的安装工程量大于

78

热交换系统的安装工程量。

4. 系统的合并、归纳

在保证网络图质量的基础上，对一些系统作必要的合并、归纳，起到简化网络图的作用。比如：

(1) 热交换系统㉔→⑧⑨→⑨⑥原为两条系统：一是用于空调热水的汽——水（软化水）热交换系统，即软化水经汽——水交换器加热到 90℃，送至空调机组，其 70℃的热水回水流经汽——水交换器再加热至 90℃送至空调机组，如此循环，补充水系软化水；二是用于空调加湿的汽——汽热交换系统，即软化水经汽——汽热交换器加热至饱和蒸汽，送至空调机组加湿，剩余蒸汽回流经汽——汽热交换器再加至饱和蒸汽送至空调机组加湿，如此循环，补充水系软化水。因为这两条系统都设置在同一个热交换站内，又都是用同一个蒸汽热源、同一种软化水水源，这两条系统又都用于空调机房，所以，这两条系统宜合并为一条系统，有利简化施工网络总计划的编制。

(2) 软化系统㉔→⑦⑨→⑧⑦…→⑧⑧，它既是一条独立的系统，也可说它是纯水系统㉔→⑦⑨→⑧⑦→⑩的组成部分。这是因为纯水分为预处理及深度处理两部分。预处理是指将自来水原水进行预处理，使其达到软化水水质要求，而后流入软化水箱，分送到使用点；深度处理是指将软化水源水进行深度处理，使其达到纯水水质要求，而后流入纯水水箱，分送到使用点。所以，将软化水系统(设备安装、二次管电)及纯水设备安装㉔→⑦⑨归纳为一个整体统一安排施工，当软化水系统单机调试⑦⑨→⑧⑦完成后进入纯水系统(二次管电、单机调试)⑧⑦→⑩施工。如此安排，既保证了软化水㉔→⑦⑨→⑧⑦…→⑧⑧作为一个独立系统即时向冷冻水系统㉔→⑧⑧→⑨⑥提供条件，又保证了软化水系统是纯水系统的一个组成部分，使其连续施工，最后形成了一条完整的纯水系统㉔→⑦⑨→⑧⑦→⑩，并向工艺冷却水系统㉔→⑩→⑬②提供条件。

5. 室外安装单位工程

(1) 室外地上、地下管道系统。分两种情况：一是仅为一个单位工程提供条件，也就是说，它只有一条本系统，在此情况下，应将它的全部系统(干、支管)表示出来，比如室外架空工业气体管系统(♯3 工业气体气化站→♯1 综合厂房工业气体入口室①→⑬②)，是♯1 综合厂房芯片生产系统⑫⑨→⑬②→⑬⑧的紧前系统，节点⑬②是这两条系统的衔接节点；二是为两个或两个以上的单位工程提供条件，也就是说，它有两条或两条以上的本系统，在这种情况下，只表示它与在时间上最早具备使用功能的单位工程之间的关系，比如室外给水、消防水、雨水、污水等四条系统①→⑦⑦，是♯2A 供水泵房供水系统⑭→⑦⑦→⑦⑨的紧前系统，节点⑦⑦是它们之间的衔接节点，这是因为♯2A 在时间上最早具备使用功能。

(2) 室外地下强弱电电缆系统，全部在小区工程网络计划中安排。如"图 1-3 某供水站小区工程以系统为基本组成单元的网络图"所示。

6. 市政设施

(1) 有些市政设施已敷设到工程项目建设场地附近，对这部分市政设施在施工网络总计划中不必表示。

（2）有些市政设施未敷设到工程项目建设场地附近，且施工工程量较大，不确定因素也较多（沿途障碍物等），对这部分市政设施在工程项目围墙内的部分应在施工网络总计划中表示出来，以利控制进度。比如，图 3-10 所示的市政高压电缆入厂区→♯1 综合厂房变配电站①→59；市政蒸汽管入厂区→♯1 综合厂房蒸汽入口室①→89等等。

第三节 用流程方法编制某集成电路工程 项目过渡性施工网络总计划

一、编制某集成电路工程项目以工作为基本组成单元的网络图

在图 3-10 的基础上，按照第二章第四节三所阐述的方法，编制某集成电路工程项目以工作为基本组成单元的网络图，如图 3-11 所示。

二、编制某集成电路工程项目过渡性施工网络总计划

在图 3-11 的基础上，按照第二章第四节三所阐述的方法，编制某集成电路工程项目过渡性施工网络总计划，如图 3-12 所示。其中有一点要特别注意：♯4 办公楼单位工程建筑环境系统联动调试⑩④→⑩⑦的最早开始时间被限定在第 305 天开始，这是因为，它的空调系统的冷冻水、热水、饱和蒸汽均来自♯1 综合厂房综合动力站，所以，它的联动调试⑩④→⑩⑦的最早开始时间只能与♯1 综合厂房建筑环境联动调试最早开始时第 305 天同步进行，这也是客观存在的关系所确定的。

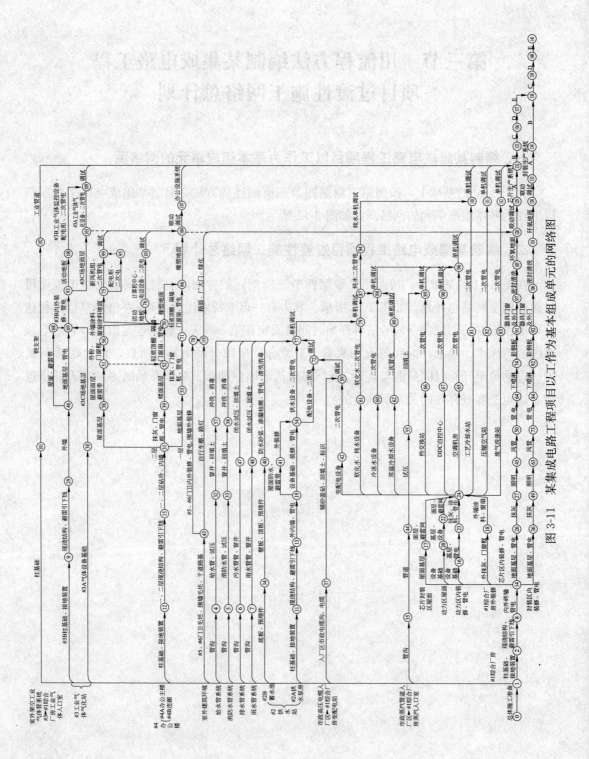

图 3-11 某集成电路工程项目以工作作为基本组成单元的网络图

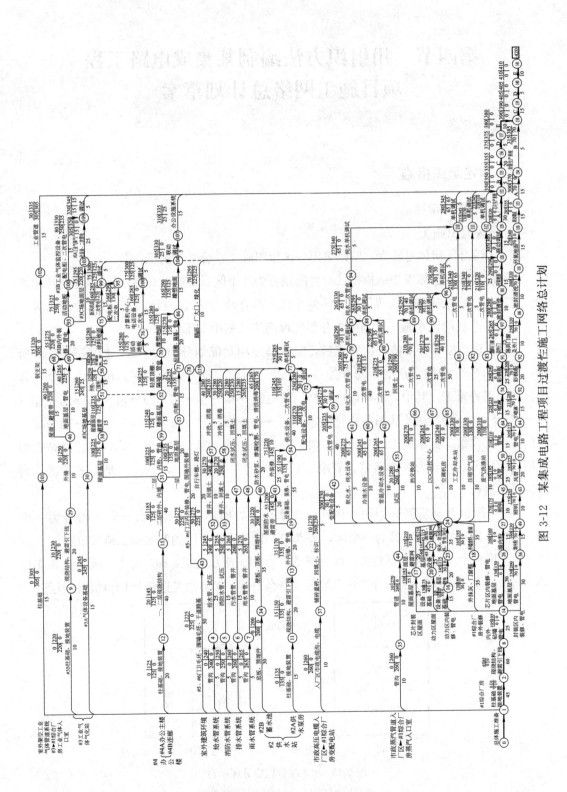

图 3-12 某集成电路工程项目过渡栏施工网络总计划

83

第四节　用组织方法编制某集成电路工程项目施工网络总计划草案

一、制定组织措施

采取 6 条组织措施：

1. 分区组织施工

因♯1 综合厂房体量较大，所以采用分区组织施工，分 4 种情况：

(1) 将基础、上部现浇结构按结构界限划分为 3 个区，如图 3-13(a)所示，即芯片生产线、封装生产线按后浇带为界限划分为两个区，综合动力站按抗震缝为界限单独划分为一个区，这 3 个区的流水施工计划应在分部工程网络计划中安排。

(2) 在该单位工程主体结构完成后，应按其使用功能划分为 3 个区，如图 3-13(b)所示，即在图 3-14 中的节点⑭、㉖开始分成芯片、封装、动力等 3 个区，组织内装修、管电、动力工程施工。其中，芯片区内装修、管电⑭→㉖→㉗→㊺→㊿→(64)→(74)→(91)→(97)→(105)→(117)…→(120)→(129)与封装区内装修管电㉖→㊱→㊾→(63)→(73)→(84)→(92)→(98)→(106)→(118)→(130)→(133)的各个工作组织流水施工，节点㉖、㊱、㊾、(63)、(73)、(84)、(92)、(98)、(106)、(118)、(130)是它们之间的衔接节点；动力区内装修、管电、11 条动力系统的施工，基本上是与芯片区、封装区平行进行。

(3) 将屋面及避雷网分为两个区组织流水施工，即芯片、封装⑭→⑰→㉒合为一个区，动力区⑯→⑳→㉒→㉔为一个区，节点⑳、㉒是这两个区的流水施工衔接节点。

(4) 将芯片、封装两个区的生产线系统 A 工作组织流水施工，即芯片生产线系统 A 工作(129)→(131)…→(133)完成后进行封装生产线系统 A 工作(133)→(134)，节点(133)是这两个工作的衔接节点。

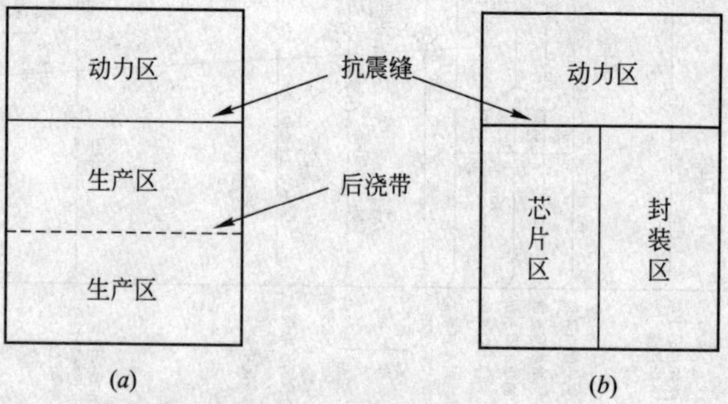

图 3-13　♯1 综合厂房分区示意

(a) 按结构界限分区；(b) 按使用功能界限分区

2. 分 3 批安装 11 个动力站的设备

总的思路，既要相对集中尽快将动力设备安装就绪，以利全面展开设备、二次管电的安装；又要坚持有序高效的把设备运到现场，有序高效地开箱检验，有序高效地进行设备就位，为全面统筹均衡安装设备、二次管电创造条件。具体做法是：先总时差少的，后总时差多的；先内后外，所谓内外之分，是指设备位置距离综合动力站入口处远近而言，越远则越内即越里面，反之则越外；先大后小，综合考虑这三方面情况来安排 11 个动力站设备就位的先后顺序。

(1) 第一批安装变配电站设备㉔→㊷，最早开始在第 200 天，总时差 30 天(系指图 3-12 中的总时差，以下同)；

(2) 第二批安装空调机房设备㊷→(65)、冷冻水站设备㊷→(60)常温冷却水站设备㊷→(62)等 3 个动力站，最早开始安装在第 205 天，其总时差分别为 40 天、45 天、65 天，安装顺序是，先空调机房设备，而后安装冷冻站设备，最后安装常温冷却水站设备；

(3) 第三批安装 DDC 自控中心设备(65)→(67)、热交换站设备(65)→(66)、软化水和纯水站设备(60)→(61)、压缩空气站设备(65)→(82)、工艺冷却水站设备(65)→(81)、废气洗涤站设备(65)→(83)等动力站，最早开始在第 215 天，其总时差分别为 65 天、70 天、65 天、130 天、130 天、110 天，安装顺序是，DDC 自控中心设备→热交换站设备→软化水、纯水站设备→压缩空气站设备→工艺冷却水站设备→废气洗涤站设备。

3. 彩钢板二次设计

详见第二章第三节三、“二次设计”在工程施工中的应用。彩钢板二次设计①→⑩→㉗的紧后工作是芯片区内装修、管电的照明㉗→㊺，它们之间的衔接是节点㉗。

4. 采用“先地下后地上”、“兼用”措施

该措施的基本概念、基本安排、注意事项、主要作用，详见第二章第三节二、“先地下后地上”、“先地上后地下”、“兼用”施工方法。本案例是将地下给水干管兼用为施工用水干管；将雨水干管兼用为施工排水干管；将厂区干道基层兼用为施工道路；将＃5 门卫、＃6 门卫毛坯房及围墙毛坯兼用为施工期间门卫及围墙。上述兼用工程均在总体施工准备计划中统一安排；鉴于上述情况，其消防水干管、污水干管也在总体施工准备计划中一并统一安排。

5. 解决设施用地紧张

为了解决施工现场临时设施用地紧张问题，将＃3 工业气体气化站暂用于施工临时设施用地，为期 260 天。但该站只有总时差 220 天，为此对该站采取两条“兼用”措施：一是将＃3B 工业气体气化站监控中心及配电间的毛坯房用于施工临时用房；二是将＃3C 工业气体气化站场地基层用于施工临时设施场地，其＃3A 工业气体气化设备基础必须一并统一安排。总之，以图 3-12 中的节点(69)为界限，其以前的各个工作均用于施工临时设施。据此安排，按图 3-12 计算，该场地有 275 天可以利用，即 220＋10＋20＋10＋15＝275 天、245＋15＋15＝275 天，满足了 260 天的要求。最后确定，采用上述“兼用”措施，为期

260 天，以节点⑥为界限，届时施工方必须拆除全部施工临时设施，清理出场并按要求清扫、冲洗干净，按计划交付后续施工，确保♯3 工业气体气化站如期建成。

6. 利用总时差统筹安排各单位工程最早开始时间

（1）室外建筑环境单位工程。因该室外建筑环境单位工程的♯5、♯6 门卫毛坯房兼用为施工期间门卫用房，围墙毛坯兼用为施工场地围墙，干道路基兼用为施工道路，它的持续时间 50 天，如图 3-12♯5、♯6 门卫毛坯、干道路基①→⑱所示，由此可以得出该室外建筑环境单位工程的未完部分的总时差为 225＋50＝275 天。将该室外建筑环境单位工程未完部分（♯5、♯6 门卫室内外装修、管电、围墙外装修⑱→⑱…→⑲；自行车棚、路灯⑱→⑲；路面、厂大门、绿化⑲→⑳。）最早开始时间安排在第 245 天继续施工，还有总时差 30 天，即 275－245＝30 天，它的紧前工作是♯2B 蓄水池的渗漏检测、清洗消毒⑩→⑱，衔接节点⑱，如图 3-15、图 3-16 所示。因为在第 245 天，工程项目的全部建筑工程已基本完成，动力设备已全部安装到位，二次管电已进入后期阶段，此时施工现场的人流、物流已经很少，是统筹安排室外建筑环境未完工程施工的最佳时间。

（2）♯2 供水站单位工程。♯2A 供水泵有总时差 135 天，如图 3-12 所示；最早开始时间安排在第 105 天，如图 3-15 节点⑧所示；利用了总时差 105 天，还有总时差 30 天。♯2B 蓄水池有总时差 200 天，如图 3-12 所示；最早开始时间安排在第 160 天，如图 3-15 所示，利用了总时差 160 天；另由于室外建筑环境单位是它的紧后单位工程，节点⑱是它们之间的衔接节点，如图 3-15 所示；这样的关系，使室外建筑环境单位工程占用了♯2B 蓄水池总时差 10 天，因此，使它的总时差为 30 天。♯2A、♯2B 最早开始时间分别在第 105 天、160 天开工，此时♯1 综合厂房现浇结构已经全部完成，有足够的人力、机具资源保证施工；又分别有 105 天、160 天的施工准备时间，可以充分做好开工前的施工准备工作；另还有总时差 30 天，可用于施工过程中调剂。由此可见，如此安排♯2A、♯2B 的开工时间是十分确当的。

（3）♯4 办公楼单位工程。该单位工程有总时差 125 天，如图 3-12 所示；最早开始时间安排在第 105 天，如图 3-15 节点⑧所示，即与♯2A 供水泵房同时开工，利用了总时差 105 天，还有总时差 20 天。如此安排的原因同♯2 供水站单位工程；另限定该单位工程的建筑环境联动调试⑭→⑯的最早在第 305 天开始，因为它的空调系统的冷冻水、热水、饱和蒸汽均来自♯1 综合厂房综合动力站。

（4）室外管电安装单位工程的 3 项管电安装工程。一是室外架空工业气体管道工程，有总时差 305 天，如图 3-12 所示；最早开始时间安排在第 260 天，还有总时差 45 天，如图 3-15 节点⑥所示；因该工程是把♯3 工业气体气化站的工业气体输送到♯1 综合厂房工业气体入口室，供芯片、封装生产线使用，所以，将该工程最早开始时间安排在第 260 天与♯3 工业气体气化站的后续工程同时开工，便于统一管理。二是市政高压电缆进入厂区内→♯1 综合厂房变配电站的高压电缆敷设工程，有总时差 260 天，如图 3-12 所示；最早开始时间安排在第 200 天，如图 3-15 节点⑳所示，还有总时差 60 天，其中铺砂盖砖、回填土、标识㊲→(59)自由时差30天。三是市政蒸汽管安装工程，有总时差260天，如图3-12所示。最早开始时间安排在第200天，还有总时差60天，如图3-15节点㉔所示。因工业气体管道系沿围墙在绿化带中低架空设置，过道路进入♯1综合厂房部分系高架空设置；市政高压电缆过道路部分在总体施工准备期间内已完成了预埋套管；市政蒸汽管道过道路部分的管沟也在总体施工准备期间完成了。所以，上述3项室外管电工程在施工期间都不会影响人流、物流的通畅。

二、编制某集成电路工程项目网络图

1. 理顺各个工作之间的组织关系

上述采取的组织措施所形成的各个工作之间的组织关系，详见表3-6。

采取组织措施所形成的各个工作之间的组织关系　　　　　表3-6

序号	单位工程	组织措施	紧前工作	本工作	衔接节点
1	♯1综合厂房	分区组织施工	芯片区内装修、管电⑭→㉖→㉗→㊺→㊿→(64)→(91)→(97)→(105)→(117)……→(120)→(129)	封装区内装修、管电㉖→㊱→(49)→(63)→(73)→(84)→(91)→(106)→(118)→(130)→(133)	㉖至(130)共11个衔接节点
			芯片、封装区屋面、避雷网⑭→⑰→㉒	动力区屋面、避雷网⑯→⑳→㉒→㉔	⑳、㉒
			芯片区生产线A工作(129)→(131)……→(133)	封装区生产线A工作(133)→(134)	(133)
2		分三批安装11个动力站的设备	第一批安装变配电站设备㉔→㊷最早开始在第200天	第二批安装空调机房设备㊷→(65)，冷冻水站设备㊷→(60)，常温冷却水设备㊷→(62)，最早开始在第205天	㊷
			第二批安装空调机房设备㊷→(65)，冷冻水站设备㊷→(60)，常温冷却水设备㊷→(62)，最早开始在第205天	第三批安装DDC自控中心设备(65)→(67)，热交换站设备(65)→(66)，软化水及纯水站设备(60)→(61)，废气洗涤站设备(65)→(83)，工艺冷却水站设备(65)→(81)，压缩空气站设备(65)→(82)，最早开始在第215天	(60)、(65)
3		彩钢板二次设计	彩钢板二次设计、各方确认、出图、施工准备①→⑩→㉗	♯1综合厂房芯片区装修、管电的照明㉗→㊺	㉗
4	室外管电安装单位工程、室外建筑环境单位工程	"先地下后地上"、"兼用"措施	总体施工准备⓪→①：将地下给水干管、雨水干管兼用为施工用水、排水干管；♯5、♯6门卫毛坯房、围墙毛坯兼用为施工期间门卫房及围墙，厂区干道路基兼用为施工道路等纳入总体施工准备期内完成。另消防水干管、污水干管也一并在总体施工准备期统筹安排	♯1综合厂房柱基础、接地装置①→②	①
5	♯3工业气体气化站	将♯3工业气体气化站占地暂用于施工临时设施用地，部分工程兼用为临时设施	暂作施工临时设施场地使用，拆除、清理①→(69)，为期260天	♯3B内外装修、管电(69)→(93)	(69)

序号	单位工程	组织措施	紧前工作	本工作	衔接节点
6	室外建筑环境单位工程	利用总时差安排各单位工程最早开始时间	#2B蓄水池防水砂浆、渗漏检测、清洗消毒㊵→㊸	#5、#6门卫室内外装修、管电围墙外装修㊸→78；自行车棚、路灯㊸→119，利用总时差245天，最早开始时间第245天	㊸
	#2供水站		#1综合厂房现浇结构、避雷引下线②→⑧	#2A供水泵房柱基础、接地装置⑧→⑪，利用总时差105天，最早开始在第105天	⑧
			#2A供水泵房外内墙、管电⑬→⑲	#2B蓄水池底板、预埋件⑲→㉞，利用总时差160天，最早开始在第160天	⑲
	4办公楼		#1综合厂房现浇结构、避雷引下线②→⑧	#4A办公楼、#4B连廊柱基础，接地装置⑧→⑫，利用总时差105天，最早开始在第105天	⑧
	室外管电安装单位工程		#3工业气体气化站占地暂作施工临时设施场地使用，拆除、清理①→69	室外架空工业气体管道柱基础69→100，利用总时差260天，最早开始在第260天	69
			#1综合厂房动力区抹灰、涂料、管电㉓→㉔；动力区屋面、避雷网㉒→㉔；#1综合厂房外墙涂料、窗扇⑱→㉔	电缆沟、电缆㉔→㊲（市政高压电缆入厂区→#1综合厂房变配电站），利用总时差200天，最早开始在第200天	㉔
				管沟㉔→㉟（市政蒸汽管道入厂区→#1综合厂房蒸汽入口室），利用总时差200天，最早开始在第200天	㉔

2. 编制某集成电路工程项目网络图

将"表3-6采取组织措施所形成的各个工作之间的组织关系"绘制在图3-11上面，就形成了"图3-14某集成电路工程项目网络图"。

三、编制某集成电路工程项目施工网络总计划草案

1. 计算时间参数

因图3-12与图3-14各个工作的持续时间是相同的，所以不必再计算。

2. 编制施工网络总计划草案

在图3-14上标明各个工作持续时间，计算出时间参数，求出关键路线，这样就形成了"图3-15某集成电路工程项目施工网络总计划草案"。

3. 编制施工时标网络总计划草案

根据图3-15，按最早开始时间和最早完成时间编制时标网络总计划草案，如"图3-16某集成电路工程项目施工时标网络总计划"所示。

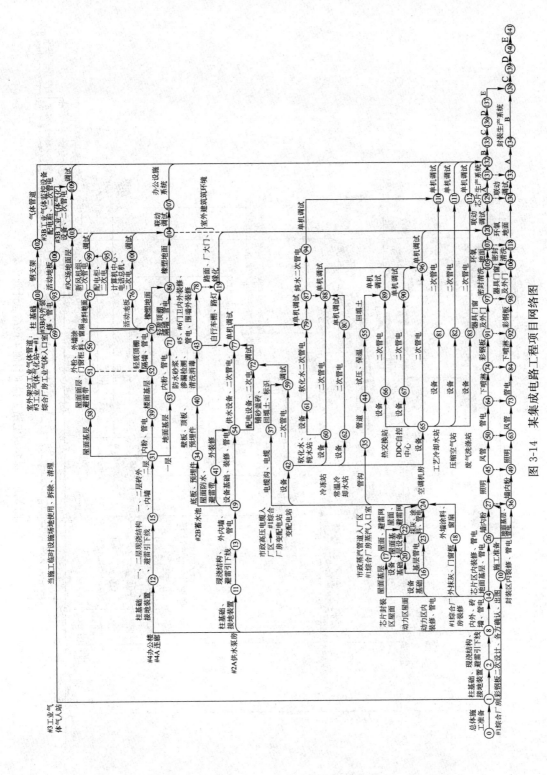

图 3-14 某集成电路工程项目网络图

89

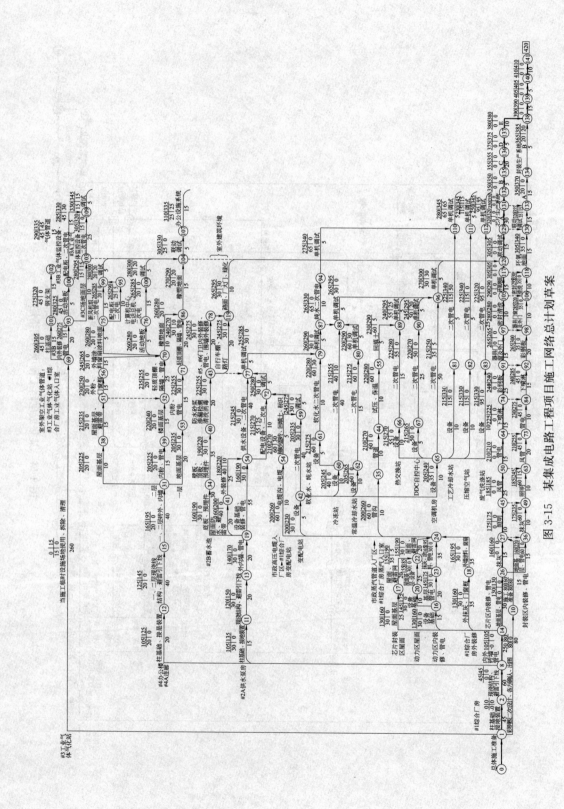

图 3-15 某集成电路工程项目施工网络总计划草案

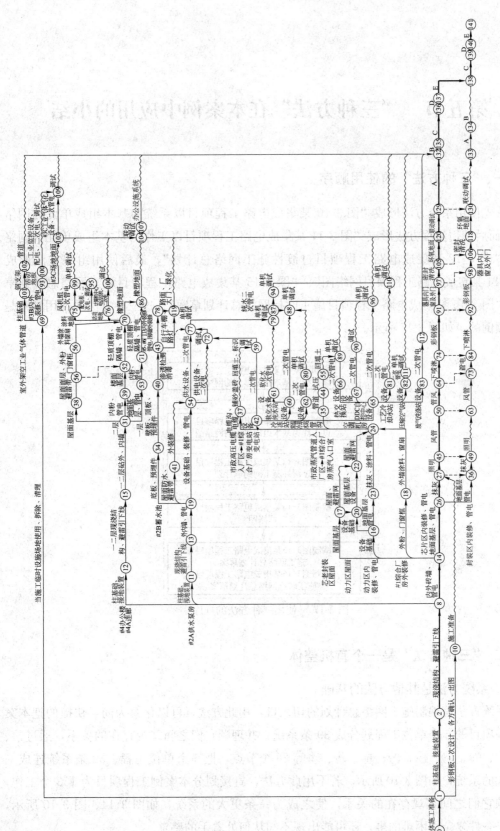

图 3-16 某集成电路工程项目施工时标网络总计划草案（最早开始时间）

第五节 “三种方法”在本案例中应用的小结

一、“三种方法”的使用顺序

首先使用系统方法形成“图 3-10 某集成电路工程项目以系统为基本组成单元的网络图”，而后使用流程方法形成“图 3-11 某集成电路工程项目以工作为基本组成单元的网络图”、“图 3-12 某集成电路工程项目过渡性施工网络总计划”，最后使用组织方法形成“图 3-14 某集成电路工程项目网络图”、“图 3-15 某集成电路工程项目施工网络总计划草案”、“图 3-16 某集成电路工程项目施工时标网络总计划草案”。这三种方法的使用顺序是不能颠倒的。如图 3-17 所示。

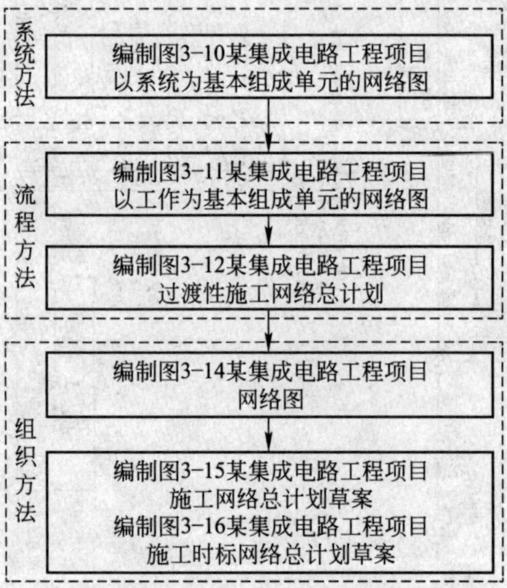

图 3-17 使用三种方法的顺序

二、“三种方法”是一个有机整体

1. 系统方法是其他方法的基础

系统方法是编制施工网络总计划的切入口，用此方法，可以化繁为简，快捷的把本案例工程项目的 6 个单位工程划分成 39 条系统，并理顺它们之间客观存在的关系，通过(59)、(72)、(77)、(79)、(88)、(89)、(96)、(110)、(120)、(132)等 28 个节点，把 6 个单位工程、39 条系统连成一条更大的系统，如图 3-10 所示。若不用此方法，直接划分本案例工程项目为 153 个工作，并理顺它们之间客观存在的关系，使之成为一条更大的系统，如图 3-14、图 3-15 所示，那将是一件复杂而困难的事，还可能出现不知从何处着手的感觉。

系统方法着眼于一个工程项目的总体策划，理顺各单位工程、各系统之间客观存在的关系，确定各单位工程、各系统完成的先后顺序，对各系统进行有序连续控制，如期或提前实现总工期，如图 3-10、图 3-12 所示。

2. 流程方法是一种展开的方法

流程方法是在不改变各系统之间关系的基础上，把 39 条系统展开为 153 个工作，并理顺它们之间的关系，如图 3-11 所示，该图既是对图 3-10 的展开，又把图 3-10 融入其中。通过计算图 3-11 中各个工作的持续时间、时间参数，就形成了图 3-12，为运用组织方法奠定了基础。

流程方法着眼于每一条系统的策划，通过对各个工作的连续控制，如期或提前实现各系统的工期目标，如图 3-11、图 3-12 所示。

3. 组织方法是一种运用组织规律的方法

组织方法是在不改变上述两种方法所划分的系统、工作及它们之间的关系，也不改变各个工作持续时间的基础上，按照安全、有序、经济、高效的原则，采取了 10 条组织措施，绘制出了图 3-14，然后通过计算的时间参数，求出关键路线，于是就形成了图 3-15。从图 3-15 中清楚地看出，该图是集三种方法于一体的，单一使用其中任何一种或两种方法是无法编制施工进度网络总计划的。

组织方法着眼于统筹策划，充分利用时空、资源，在如期或提前实现总工期前提下，取得最佳的经济效益，如图 3-14、图 3-15 所示。

总之，三种方法是一个有机体。只有联合运用这三种方法，方能全面、准确地编制出具有科学性、先进性、实用性的"图 3-15 某集成电路工程项目施工进度网络总计划草案"，而且十分快捷。当完全掌握了三种方法之后，就可以不再编制各单位工程、各系统、各工作之间的关系表，即不再编制表 1-1～表 1-5，而是直接编制图 3-3～图 3-16，就这极大地提高了编制工程项目施工进度网络总计划的效率。

三、"三种方法"对确定时间参数发挥着不同的作用

1. 每条系统的最迟完成时间是由系统方法、流程方法所确定的

用系统方法所理顺的各系统之间的关系是客观存在的，是绝对不能改变的，这种客观存在的关系确定了各单位工程、各系统完成的先后顺序，如图 3-11 所示；这种客观存在关系限定了各系统的最迟完成时间不能被超出。流程方法是在系统方法的基础上通过计算工作持续时间、时间参数，确定了各系统的最迟完成时间。组织方法可以在总时差范围内人为的提前一些系统的最迟完成时间，但不能改变它与原系统之间的关系。本案例在图 3-15（组织方法）所表示的 35 条系统的最迟完成时间中，有 34 条系统与图 3-12（流程方法、系统方法）是完全相同的；由于采取了组织措施，其♯2B 蓄水池系统的最迟完成时间提前了 10 天，但没有改变它与原系统之间的关系，如图 3-15 节点㊸与节点⑰之间的虚线连接所示。详见"表 3-7 三种方法所确定的各系统最迟完成时间的对照表"。

2. 每条系统的最早开始时间是由组织方法所确定的

根据图 3-12 各系统的总时差，按照安全、有序、经济、高效的原则，通过采取 6 条组织措施，恰到好处地利用总时差中一部分机动时间，来确定各系统的最早开始时间，详见"表 3-8 三种方法所确定的各系统的最早开始时间对照表"。从表 3-8 看出，这三种方法所确定的 35 条系统最早开始时间，可分为三种情况：一是有 26 条系统的最早开始时间是不相同的，这是由于采用了 6 条组织措施所确定的。二是有 6 条系统的最早开始时间都是相同的：芯片、封装、综合动力站等 3 条建筑环境系统(序号 1、2、3)的开始节点都是图 3-12、图 3-15 的起点节点①，根据双代号网络计划技术计算时间参数的规定，网络图中凡与起点节点相联的工作(系统)其最早开始时间均为零；还有，芯片系统(序号 4)是在图 3-12、图 3-15 的关键路线上，凡是在关键路线上的工作(系统)是没有总时差的，所以这三种方法所确定的最早开始时间都是在第 320 天；再有变配电(序号 12)、♯3A 工业气体气化(序号 22)这两条系统，其组织方法采用了流程方法所确定的最早开始时间，即分别在第 200 天、第 305 天开始。三是有 3 条系统即♯3A 建筑环境系统(序号 20)、♯3B 建筑环境系统(序号 21)、♯3C 室外场地系统(序号 22)，由于采用了兼用措施，均纳入了总体施工准备计划中统一安排。

三种方法所确定的各系统最迟完成时间对照表　　　　　　　　　　**表 3-7**

序号	单位工程	系统名称	图 3-12、图 3-10 (流程方法、系统方法)			图 3-15(组织方法)		
			最迟完成时间 LS+D(天)	系统终点节点	注	最迟完成时间 LS+D(天)	系统终点节点	注
1	♯1 综合厂房(16 条系统其中软化水、纯水是 2 条系统)	芯片建筑环境系统	305+15=320	⑫⑨		305+15=320	⑫⑨	
2		封装建筑环境系统	355+15=370	⑬⑶		355+15=370	⑬⑶	
3		综合动力站建筑环境系统	160+70=230	㉔		195+35=230	㉔	
4		芯片系统	355+35=390	⑬⑻		380+10=390	⑬⑻	
5		封装系统	390+30=420	⑭⑴		410+10=420	⑭⑴	
6		空调系统	300+5=305	⑫⓪		300+5=305	⑫⓪	
7		DDC 自控系统	295+5=300	⑨⑥		295+5=300	⑨⑥	
8		热交换系统	295+5=300	⑨⑥		295+5=300	⑨⑥	
9		冷冻水系统	295+5=300	⑨⑥		295+5=300	⑨⑥	
10		常温冷却水系统	290+5=295	⑧⑧		290+5=295	⑧⑧	
11		软化水、纯水系统	290+5=295 340+5=345	⑧⑺ ⑪⓪		290+5=295 340+5=345	⑧⑺ ⑪⓪	
12		变配电系统	275+5=280	⑺⑵		275+5=280	⑺⑵	
13		工艺冷却水系统	345+5=350	⑬⑵		345+5=350	⑬⑵	
14		压缩空气系统	345+5=350	⑬⑵		345+5=350	⑬⑵	
15		废水洗涤系统	345+5=350	⑬⑵		345+5=350	⑬⑵	

续表

序号	单位工程	系统名称	图3-12、图3-10(流程方法、系统方法) 最迟完成时间 LS+D(天)	系统终点节点	注	图3-15(组织方法) 最迟完成时间 LS+D(天)	系统终点节点	注
16	#2供水站(4个系统)	建筑环境系统	135+110=245	(54)		190+55=245	(54)	
17		供水系统	285+5=290	(79)		285+5=290	(79)	
18		配电系统	280+5=285	(77)		280+5=285	(77)	
19		蓄水池系统	265+20=285	(77)		255+20=275	(43)	提前10天
20	#3工业气化站(6条系统)	#3A建筑环境系统	245+15=260	(30)				在总体施工准备计划中安排
21		#3B建筑环境系统	325+5=330	(100)		325+5=330	(100)	采用兼用措施
22		#3C室外场地系统	295+10=305	(103)		295+10=305	(103)	采用兼用措施
23		#3A工业气体气化系统	320+25=345	(109)		320+25=345	(109)	
24		#3B工业气体监控系统	330+15=345	(109)		330+15=345	(109)	
25		#3B配电系统	330+15=345	(109)		330+15=345	(109)	
26	#4办公楼(6个系统)	建筑环境系统	330+5=335	(107)		330+5=335	(107)	
27		办公设施系统	335+15=350	(132)		335+15=350	(132)	
28		空调新风系统	300+5=305	(104)		300+5=305	(104)	
29		配电系统	290+10=300	(95)		290+10=300	(95)	
30		计算机中心	285+20=305	(104)		300+5=305	(104)	
31		电话系统	285+20=305	(104)		300+5=305	(104)	
32		室外建筑环境系统	225+80=305	(120)		295+10=305	(120)	
33		室外架空工业管道系统	335+15=350	(132)		335+15=350	(132)	
34		市政蒸汽管道系统(进入厂区部分)	260+35=295	(89)		290+5=295	(89)	
35		市政高压电缆系统(进入厂区部分)	245+15=260	(59)		255+5=260	(59)	
36	室外管电安装单位工程	室外给水系统	240+45=285	(77)	在各小区内安排			采用兼用措施,在总体施工准备计划中安排
37		室外消防水系统	240+45=285	(77)				
38		室外污水系统	240+45=285	(77)				
39		室外雨水系统	240+45=285	(77)				
40		室外有害废水管系统						在各小区内安排,详见第二章第三节二、"先地下后地上"、"先地上后地下"、"兼用"施工方法
41		室外低压电缆系统						
42		室外监控弱电缆系统						

序号	单位工程	系统名称	图 3-12(流程方法、系统方法)				图 3-15(组织方法)				
			最早开始时间 Es(天)	总时差 TF(天)	系统开始节点	注	最早开始时间 Es(天)	利用"图 3-12 中的总时差"的天数(3-1)	系统开始节点	剩余总时差(图 3-15 中的总时差) TF(天)(2-4)	注
			1	2			3	4			
1	#1综合厂房(16条系统，其中软化水、纯水是2条系统)	芯片建筑环境系统	0	0	①	工程项目的开始节点	0	0	①	0-0=0	工程项目的开始节点
2		封装建筑环境系统	0	0	①	工程项目的开始节点	0	0	①	0-0=0	工程项目的开始节点
3		综合动力站建筑环境系统	0	0	①	工程项目的开始节点	0	0	①	0-0=0	工程项目的开始节点
4		芯片系统	320	0	⑫	关键路线上的节点	320	320-320=0	⑫	0-0=0	关键路线上的节点
5		封装系统	300	70	⑬		350	350-300=50	⑬	70-50=20	
6		空调系统	200	40	㉔		205	205-200=5	㊷	40-5=35	
7		DDC自控系统	200	65	㉔		215	215-200=15	㊺	65-15=50	
8		热交换系统	200	70	㉔		215	215-200=15	㊺	70-15=55	
9		冷冻水系统	200	45	㉔		205	205-200=5	㊷	45-5=40	
10		常温冷却水系统	200	65	㉔		205	205-200=5	㊷	65-5=60	
11		软化水、纯水系统	200	75	㉔		215	215-200=15	㊿	75-15=60	
12		变配电系统	200	30	㉔		200	200-200=0	㉔	30-0=30	采用了图 3-12ES
13		工艺冷却水系统	200	130	㉔		215	215-200=15	㊺	130-15=115	
14		压缩空气系统	200	130	㉔		215	215-200=15	㊺	130-15=115	
15		废水洗涤系统	200	110	㉔		215	215-200=15	㊺	110-15=95	
16	#2供水站(4个系统)	建筑环境系统	0	135	①		105	105-0=105	⑧	135-105=30	
17		供水系统	110	135			215	215-110=105	(54)	135-105=30	
18		配电系统	110	160	(54)		215	215-110=105	(54)	160-105=55	
19		蓄水池系统	0	200	①		160	160-0=160	⑲	200-160-10=30	室外建筑环境占用10天
20	#3工业气化站(6条系统)	#3A建筑环境系统	0	245	①						采用兼用措施，在总体施工准备计划中安排
21		#3B建筑环境系统	0	220	①						
22		#3C室外场地系统	15	245	㉚						
23		#3A工业气体气化系统	305	15	(103)		305	305-85=220	(103)	235-220=15	采用了图 3-12ES
24		#3B工业气体监控系统	80	250	(100)		285	285-80=205	(100)	260-205=45	采用兼用措施总时差为260天
25		#3B配电系统	80	250	(53)		285	285-80=205	(100)	260-205=45	

序号	单位工程	系统名称	图3-12(流程方法、系统方法)				图3-15(组织方法)				
			最早开始时间 Es(天)	总时差 TF(天)	系统开始节点	注	最早开始时间 Es(天)	利用"图3-12中的总时差"的天数(3-1)	系统开始节点	剩余总时差(图3-15中的总时差 TF(天)(2-4)	注
			1	2			3	4			
26	♯4办公楼(6个系统)	建筑环境系统	0	125	①		105	105-0=105	⑧	125-105=20	
27		办公设施系统	185	150	⑩		310	310-185=125	⑩	150-125=25	
28		空调新风系统	160	125	⑦		265	265-160=105	⑦	125-105=20	
29		配电系统	160	130	⑦		265	265-160=105	⑦	130-105=25	
30		计算机中心	160	125	⑦		265	265-160=105	⑦	125-105=20	
31		电话系统	160	125	⑦		265	265-160=105	⑦	125-105=20	
32	室外建筑环境系统		0	225	①		245	245-0=245	⑬	225+50-245=30	
33	室外架空工业管道系统		0	305	①		260	260-0=260	⑲	305-260=45	
34	市政蒸汽管道系统(进入厂区部分)		0	260	①		200	200-0=200	㉔	260-200=60	
35	市政高压电缆系统(进入厂区部分)		0	260	①		200	200-0=200	㉔	260-200=60	
36	室外管电安装单位工程	室外给水系统	0	240	①	在各小区内安排					采用了兼用措施,在总体施工准备计划中安排
37		室外消防水系统	0	240	①						
38		室外污水系统	0	240	①						
39		室外雨水系统	0	240	①						
40		室外有害废水管系统									在各小区内安排,详见第二章第三节二、"先地下后地上"、"先地上后地下"、"兼用"施工方法
41		室外低压电缆系统									
42		室外监控弱电电缆系统									

四、节点编号的处理

对工程项目所有相关联的网络图、网络计划的节点编号均应保持一致。这样做有利于相关联的网络图、网络计划的编制;有利于在计划执行过程中对施工进度计划的检查、调整,及施工进度控制。比如本案例中的图3-3、图3-7、图3-9、图3-10、图3-11、图3-12、图3-14、图3-15、图3-16等10种相关联的网络图、网络计划中的节点编号都是完全一致的。

第六节　案例施工网络总计划优点的科学性、先进性、实用性

案例某集成电路工程项目的科学性、先进性和实用性主要表现在如下方面：

一、全面准确地反映出工程各部位的相互制约、相互依赖的关系，是一条更大的系统

图 3-15 把 6 个单位工程、35 条系统、136 个工作组成了一个有机整体、一条更大的系统，全面准确地反映出它们之间的相互制约、相互依赖的关系，为运用系统理念组织施工提供了依据。在施工过程中，当发现某一单位工程、系统、工作将要提前完成时，能从该计划中预见到它对其他单位工程、系统、工作所带来的积极影响，便于及早采取措施充分利用好这个有利条件，达到节省资源的目的；在施工过程中，当发现某一单位工程、系统、工作因故将要不能按期完成时，同样，能从该计划中预见到它对其他单位工程、系统、工作的影响程度，便于事先及早采取有效措施消除不利的因素，使施工进度沿着施工进度总计划的轨道，健康地、常态地运行。比如当事先预见到＃2 供水站的供水系统(54)→(77)→(79)因故不能在最迟完成时间第 290 天之前完成时，立马能从该计划中预见到，它将直接影响软化水系统(60)→(61)→(79)→(87)、常温冷却水系统㊷→(62)→(80)→(88)的单机调试；甚至连琐影响到冷冻水系统㊷→(60)→(88)→(96)、空调系统㊷→(65)→(96)→(120)单机调试，以及芯片建筑环境系统联动调试(120)→(129)；当预见到这些情况后，会引起组织施工者的高度重视，事先制定对策，使问题得到即时解决，避免顾此失彼、盲目赶工，确保施工进度正常进行。

二、“三种线路”全面准确地反映出工程各部位施工进度的紧迫程度或宽松程度

图 3-15 是由 3 种线路 41 条线路所组成：

1. 关键线路

图 3-15 中有 1 条关键线路，如线路①→②→⑧→⑭→㉖→㉗→㊺→㊿→(64)→(74)→(91)→(97)→(105)→(117)…→(120)→(129)→(131)…→(132)→(135)→(136)→(137)→(138)→(139)→(140)→(141)所示，由 22 个工作组成，它的起点是网络图中的起点节点①，它的终点是网络图中终点节点(141)。在这条线路上的 22 个工作都没有机动时间，其最早开始时间和最迟开始时间是相同的；凡在这条线路上的工作称为关键工作，节点称为关键节点；这条线路上的总持续时间最长，是该网络计划的总工期，即 420 天；在这条线路上的任何工作的提前或拖延工期都会相应提前或拖延总工期。这条线路是按期完成总计划的关键所在，所以，称之为关键线路。用粗黑线

条表示，是图 3-15 中最紧迫的线路。

2. 总时差线路

总时差线路是指图 3-15 中顺箭线方向由 1 个或若干个相关联的工作共同拥有 1 个总时差而形成的一条线路。它的起点是该线路上的第 1 个工作的箭尾节点，它的终点节点是该线路上的最后 1 个工作箭头节点。所谓总时差是指总时差线路上所有工作共同拥有的机动时间的极限值。若超出这个极限值将会影响总工期。图 3-15 中共有 21 条总时差线路，如表 3-9 所示。

某集成电路工程项目施工网络总计划草案总时差线路　　　　表 3-9

总时差（天）	序号	总时差线路	起点节点	终点节点	含有工作（个）	起点节点所在单位工程
30	1	⑭→⑱→㉔→㊷→㊾→⑦②→⑦⑦→⑦⑨→㊼⑦···⑧⑧→⑨⑥→⑫⓪	⑭	⑫⓪	10	#1
	2	⑭→⑯→㉔→㊷→㊾→⑦②→⑦⑦→⑦⑨→㊼⑦···⑧⑧→⑨⑥→⑫⓪	⑭	⑫⓪	11	#1
	3	⑭→⑯→㉔→㊷→㊾→⑦②→⑦⑦→⑦⑨→⑧⑦→⑧⑧→⑨⑥→⑫⓪	⑭	⑫⓪	12	#1
	4	⑭→⑰···②⓪→②②→㉔→㊷→㊾→⑦②→⑦⑦→⑦⑨→⑧⑦→⑧⑧→⑨⑥→⑫⓪	⑭	⑫⓪	11	#1
	5	⑧→⑪→⑮→⑲→㊻→⑦⑦→⑦⑨→⑧⑦···→⑧⑧→⑨⑥→⑫⓪	⑧	⑫⓪	9	#2
	6	⑧→⑪→⑮→⑲→㊵→㊸→⑦⑦→⑦⑨→⑧⑦→⑧⑧→⑨⑥→⑫⓪	⑧	⑫⓪	10	#2
	7	⑧→⑪→⑮→⑲→㉞→㊵→㊸→⑦⑧→⑪⑨→⑫⓪	⑧	⑫⓪	8	#2
	8	⑧→⑪→⑮→⑲→㉞→㊵→㊸→⑪⑨→⑫⓪	⑧	⑫⓪	8	#2
20	9	⑧→⑫→⑮→㉛→㊼→⑦⓪→⑧⑥→⑩④→⑫⓪	⑧	⑫⓪	8	#4
	10	⑧→⑫→⑮→㉛→㊼→⑦⓪→⑦⑤→⑨⑨→⑩④···→⑫⓪	⑧	⑫⓪	9	#4
	11	⑧→⑫→⑮→㉛→㊼→㊻→⑦⓪→⑦⑤→⑨⑨→⑩④···→⑫⓪	⑧	⑫⓪	10	#4
	12	⑧→⑫→⑮→㉞→㊼→⑦⓪→⑦⑥→⑩⓪→⑩④···→⑫⓪	⑧	⑫⓪	9	#4
	13	⑧→⑫→⑮→㉛→㊼→⑦⓪→⑦⑤→⑨⑨→⑩④→⑫⓪	⑧	⑫⓪	9	#4
15	14	①→⑥⑨→⑨③→⑩③→⑩④···→⑫⓪	①	⑫⓪	3	#3
	15	⑩③→⑩⑨→⑬②	⑩③	⑬②	2	#3
45	16	⑥⑨→⑩①→⑩②→⑬②	⑥⑨	⑬②	3	室外架空工业气体管道
25	17	⑩④→⑩⑦→⑬②	⑩④	⑬②	2	#4
65	18	⑧⑦→⑨④→⑪⓪→⑬②	⑧⑦	⑬②	3	#1
95	19	⑥⑤→⑧③→⑪②→⑬②	⑥⑤	⑬②	3	#1
115	20	⑥⑤→⑧②→⑪①→⑬②	⑥⑤	⑬②	3	#1
80	21	①→⑩→㉗	①	㉗	2	#1

3. 自由时差线路

自由时差线路是指图 3-15 中顺箭线方向由 1 个或若干个相关联的工作共同拥有 1 个自由时差而形成的一条线路。它的起点是该线路上的第 1 个工作的箭尾节点，它的终点是该线路上的最后 1 个工作的箭头节点。所谓自由时差是指自由时差线路上的所有工作共同拥有机动时间的极限值。若超过这个极限值，将会占用与它相关联的总时差线路上的机动时间（总时差）；也就是说，若超过这个极限值，它将会影响紧后工作的最早开始时间。有的自由时差线路是与关键线路相关联的，它们之间的关系是跟总时差线路与关键线路之间的关系是一样的。

自由时差线路也可以这样说，就是总时差中含有自由时差的线路称之为自由时差线路。为了更方便、更有效的利用总时差、自由时差，所以，划分为两种线路。图3-15中共有19条自由时差线路，如表3-10所示。

某集成电路工程项目网络总计划草案自由时差线路 表3-10

自由时差(天)	总时差(天)	序号	自由时差线路	起点节点	终点节点	含有工作(个)	起点节点所在单位工程
5	35	1	⑰→㉒	⑰	㉒	1	#1
	60	2	㉔→㉟→㊹→(55)→(89)	㉔	(89)	4	#1 市政蒸汽
	35	3	㊷→(65)→(96)	㊷	(96)	2	#1
	25	4	(75)→(95)…→(99)	(75)	(99)	1	#4
10	35	5	㊷→(60)→(88)	㊷	(88)	2	#1
	45	6	(63)→(73)→(84)→(92)	(63)	(92)	3	#1
	40	7	⑲→㊶→(54)	⑲	(54)	2	#2
	30	8	㉛→(53)→(71)→(86)	㉛	(86)	3	#4
15	60	9	㉖→㊱→(49)→(63)	㉖	(63)	3	#1
	35	10	(92)→(98)→(106)→(113)→(130)→(133)	(92)	(133)	5	#1
20	50	11	(65)→(67)→(90)→(96)	(65)	(96)	3	#1
	20	12	(133)→(134)→(138)	(138)	(138)	2	#1
25	55	13	(65)→(66)→(89)→(96)	(65)	(96)	3	#1
	55	14	(54)→(72)	(54)	(72)	1	#2
30	60	15	㉔→㊲→(59)	㉔	(59)	2	市政电缆
	60	16	(60)→(61)→(79)	(60)	(79)	2	#1
	60	17	㊷→(62)→(80)→(88)	㊷	(88)	3	#1
	45	18	(93)→(100)→(109)	(93)	(109)	2	#3
50	115	19	(65)→(81)→(110)	(65)	(110)	2	#1

从上述三种线路的分析情况来看：关键路线上的施工进度最为紧迫，它没有任何机动时间，且线路上的总持续时间最长；总时差线路上的总时差越少的，则施工进度相对紧迫一些，越多的则相对宽松一些；自由时差线路上的施工进度最为宽松，其自由时差越多的，则施工进度越宽松。

施工组织者掌握了上述三种线路上紧迫、宽松程度情况，结合三种线路上的不确定性因素及其他情况，就可以胸有成竹地、从容地组织施工。

三、全面准确地反映出“三种线路”之间的关系，以利对机动时间进行第二次分配

1. 关键线路是图 3-15 的核心线路

图 3-15 是由 41 条线路组成的，其中关键线路 1 条，总时差线路 21 条，自由时差线路 19 条。关键线路上的总持续时间最长，是图 3-15 核心线路，其他两种线路都是围绕它展开的。

2. 总时差线路是相关联的关键线路的分支线路

图 3-15 有 21 条总时差线路，如表 3-9 所示。由于总时差线路上的总持续时间较相关联的关键路线上工作的总持续时间要短，所以，就产生了总时差。比如，30 天总时差线路⑭→⑱→㉔→㊷→(59)→(72)→(77)→(79)→(87)…→(88)→(96)→(120)，它的总持续时间＝35＋35＋5＋40＋5＋5＋5＋5＋5＋5＝145 天，它的相关联的关键线路⑭→㉖→㉗→㊺→㊿→(64)→(74)→(91)→(97)→(105)→(117)…→(120)，该关键线路上的总持续时间＝30＋15＋10＋25＋15＋15＋25＋15＋10＋15＝175 天，两者相减等于 30 天；也可以这样求证，用这两条线路上的最后一个工作的最早完成时间相减，就等于该总时差线路上的总时差，即该总时差线路上的最后一个工作(96)→(120)的最早完成时间为 270＋5＝275 天，它的相关联的关键线路上的最后一个工作(117)…→(120)((105)→(117))的最早完成时间为 305＋0＝305 天(290＋15＝305 天)，两者相减等于 30 天。

通常总时差线路的起点、终点节点都是在关键线路上；但由于运用组织方法的原因，有少量起点节点不在关键线路上，而是在相关联的总时差线路上。如表 3-9 中的序号 16、18、19、20 等四条总时差线路。若要求证这 4 条总时差线路的总时差，其方法同上。

3. 自由时差线路是相关联的总时差线路的分支线路

图 3-15 有 19 条自由时差线路，如表 3-10 所示。由于自由时差线路上的总持续时间较相关联的总时差线路上的总持续时间要短，所以就产生了自由时差。用自由时差线路上的总时差减去自由时差，就等于相关联总时差线路上的总时差。比如总时差 30 天线路⑭→⑰…→⑳→㉒→㉔→㊷→(59)→(72)→(77)→(79)→(87)…→(88)→(96)→(120)(表 2-9 序号 4)，在这条总时差线路上有 5 条相关联的自由时差线路：自由时差线路⑰→㉒(表 2-10 序号 1)是其中的 1 条，它的起点节点⑰、终点节点㉒都在 30 天总时差线路上，它的总时差减去自由时差就等于相关联总时差线路上的总时差 30 天，即 35－5＝30 天；自由时差线路㊷→(65)→(96)(表 3-10 序号 3)，也是其中的 1 条，它的起点节点㊷、终点节点(96)也都在 30 天总时差线路上，它的总时差减去自由时差亦等于 30 天，即 35－5＝30 天；自由时差线路㊷→(62)→(80)→(88)(表 3-10 序号 17)同样也是其中的 1 条，它的起点节点㊷、终点节点(88)也同样都在 30 天总时差线路上，它的总时差减去自由时差同样也是 30 天，即 60－30＝30 天等等。也可以这样计算来求证这两种线路之间的关系，即用相关联的总时差线路上的总持续时间减去自由时差线路上的总持续时间就等于该自由时差线路的自由时差。其计算方法同“2 总时差线路是相关联的关键线路的分支线路”。

另还有 1 条线路㉖→㊱→㊾→㊿→㊼→㊾→㊿→⑱→⑯→⑱→⑱→⑱→⑱，这是 1 条完整的 60 天总时差线路，它的起点节点㉖、终点节点⑱，都在关键线路上。但是，因这条 60 天总时差线路上的每个工作都是与关键路线上的工作相关联，所以就产生了四段自由时差线路：第一段㉖→㊱→㊾→㊿，总时差 60 天，自由时差 15 天（表 3-10 序号 9）；第二段㊿→㊼→㊾→㊿，总时差 45 天，自由时差 10 天（表 3-10 序号 6）；第三段㊿→㊿→⑯→⑱→⑱→⑱，总时差 35 天，自由时差 15 天（表 3-10 序号 10）；第四段⑱→⑱→⑱，总时差 20 天，自由时差 20 天（表 3-10 序号 12）。这样就把 60 天总时差全部分配完了。总之这条线路既具有总时差线路的特点，又具有自由时差线路的特点。

根据上述情况，当某条总时差线路上的总时差用完以后，该线路就变成了关键线路；同样，当自由时差线路上的自由时差用完成以后，该线路就变成了与之相关联的总时差线路的一部分。

所谓第一次利用总时差是指在图 3-12 的基础上，用组织方法采取组织措施，恰到好处地利用总时差，于是形成了图 3-15；图 3-12 与图 3-15 之间的总时差的差数就是第一次利用总时差的天数，即第一次利用总时差。比如，♯2A 供水泵房柱基础、接地装置的总时差，在图 3-12 中为 135 天，在图 3-15 中为 30 天，两者之差为 105 天，这就是第一次利用总时差的天数；同样，配电设备、二次管电㊿→㉒在图 3-12 中总时差为 160 天、自由时差为 130 天，在图 3-15 中总时差 55 天、自由时差为 25 天，两者之差为 105 天，这也是第一次利用总时差的天数。所谓第二次利用总时差、自由时差，是指在执行图 3-15 过程中对总时差、自由时差的利用，也称机动时间第二次利用。

图 3-15 全面准确地反映出 41 条线路之间的关系，为施工组织者精益求精地组织好施工提供了依据，为在确保实现总工期的前提下更合理地使用资源提供了依据。

参 考 文 献

［1］中国建设监理协会. 建筑工程进度控制. 北京：中国建筑工业出版社，2014

［2］北京统筹法研究会. 统筹法与施工计划管理. 北京：中国建筑工业出版社，1984